室内设计师.55
INTERIOR DESIGNER

编委会主任　崔愷
编委会副主任　胡永旭

学术顾问　周家斌

编委会委员
王明贤　王琼　王澍　叶铮　吕品晶　刘家琨　吴长福
余平　沈立东　沈雷　汤桦　张雷　孟建民　陈耀光　郑曙旸
姜峰　赵毓玲　钱强　高超一　崔华峰　登琨艳　谢江

海外编委
方海　方振宁　陆宇星　周静敏　黄晓江

主编　徐纺
艺术顾问　陈飞波

责任编辑　徐明怡　刘丽君　朱笑黎
美术编辑　孙苾云

图书在版编目(CIP)数据

室内设计.55，中国室内设计新浪潮 /《室内设计师》编委会编. — 北京：中国建筑工业出版社，2015.11
 ISBN 978-7-112-18760-7

Ⅰ.①室… Ⅱ.①室… Ⅲ.①室内装饰设计 - 丛刊
Ⅳ.① TU238-55

中国版本图书馆 CIP 数据核字 (2015) 第 274334 号

室内设计师　55
中国室内设计新浪潮
《室内设计师》编委会　编
电子邮箱：ider2006@qq.com
网　　址：http://www.idzoom.com

中国建筑工业出版社出版、发行（北京西郊百万庄）
各地新华书店、建筑书店 经销
上海雅昌艺术印刷有限公司 制版、印刷

开本：965×1270 毫米　1/16　印张：11½　字数：460 千字
2015 年 12 月第一版　2015 年 12 月第一次印刷
定价：40.00 元
ISBN 978-7-112-18760-7
　　（28026）
版权所有　翻印必究
如有印装质量问题，可寄本社退换
（邮政编码 100037）

CONTENTS VOL. 55

| 视点 | 再谈包豪斯 | 王受之 | 4 |

主题	中国室内设计新浪潮		7
	隋唐洛阳城国家遗址公园：天堂·明堂		8
	水岸山居		18
	瓦库18号		26
	苏州喜舍		32
	曲廊院胡同茶舍		38
	苏州河畔艺术家工作室		44
	牛背山志愿者之家		48
	水箱下的家		54
	中国美术学院民艺博物馆		60
	青城山六善		66
	隐居洱海酒店		76
	猪栏三吧		82
	成都博舍酒店		90
	北京诺金酒店		98
	ABC Space 家具空间		106
	画屏：琚宾之家		112
	Punch！酒吧		118
	LINEHOUSE 小店意趣多		122

| 人物 | 王宇虹：执着于完成度的 gad | | 132 |

实录	东京花园酒店：艺术家在酒店		138
	萨拉城府酒店		144
	安德上海旗舰店		150
	中山幼儿园		154
	择胜居		160

| 谈艺 | 归了的归家了愿 | | 164 |

专栏	说说我们建筑界的那些奖（一）：普利茨克奖之日本建筑师	闵向	168
	城南民居琐记	陈卫新	170
	台湾纪行Ⅱ将文艺进行到底	范文兵	172

| 纪行 | 葡萄牙：西扎之旅 | 梁志平 | 174 |

| 事件 | 反高潮的诗学：坂本一成个展 | | 180 |

视点

再谈包豪斯

撰　文 | 王受之

"包豪斯"（Bauhaus）这个名词对于中国设计界的意义远超其对国外设计界的意义。我在德国奥芬巴赫设计学院、杜塞尔多夫的彼得·贝伦斯设计学院遇到的德国教授都说："包豪斯其实是当时几个现代设计运动之一，并不能够完全代表整个德国的现代设计运动。"

2015年10月，我在德国法兰克福应用艺术博物馆（Museum für Angewandte Kunst）与德国最重要的设计史专家克劳斯·克里姆帕（Klaus Klemp）讨论包豪斯的问题时，他也持这个观点，并且他认为包豪斯之所以在国际上有如此大的影响力，是格罗皮乌斯通过美国的院校和媒体宣传而成的。我在法兰克福应用艺术博物馆中考察了与包豪斯同期的德国现代设计作品之后，也逐步有了新的看法。因此，作为"包豪斯"运动在国内的推手，我感觉在此需要特别说明一下"包豪斯"在中国的含义和在中国的发展背景。

在西方大多数国家中，如在美国、英国的艺术学院教学中，包豪斯是与奥地利分离派（Secessionist）或是俄罗斯构成主义（Constructionism）相似的一场运动。但对于中国来说，包豪斯除去其本身的历史地位和意义之外，多了一层涵义：它是我们改革开放时期，中国启动现代设计的一面旗帜。它肩负着两个任务：一是它作为一所学校，我们要将这所学校带入公众视野；二是对包豪斯的学习就等同于举起现代设计这面旗帜。当时，"文化大革命"刚刚结束，推动任何思想都具有很明显的政治运动技法。

1980年代初期，出现了所谓"包豪斯派"和"工艺美术派"。前者有时候叫做"工业设计派"，后者被学生称为"工艺美术派"。如果从设计本质来看，这两者本不应该对立，但在当时却处于对立的两面。我本人在当时所起的作用就是和国内一些较早从事现代设计的人一起大谈包豪斯，包括中央工艺美术学院（现清华大学美术学院）的柳冠中老师以及无锡轻工业学院（现江南大学）的张福昌老师。当然，在激烈的争议中，我们这几个人也曾受到过一些负面的攻击，因而"包豪斯"对我们和我们那时教育出来的一代学生来说就多了一层意义：每当我们谈到包豪斯的时候，就会回想起1980年代初期现代设计沸腾的年代，当时有近乎于政治聚会的说法。其实，那时大家是谈包豪斯、格罗皮乌斯、包豪斯宣言（Bauhaus Manifesto）、密斯·凡·德·罗、"少就是多（Less is More）"等等。直白地说，就是打着"包豪斯"的旗帜在行改造设计教育之实。

谈了这么多年的包豪斯，现在则需要谈论包豪斯的作品。深圳何香凝美术馆曾举办"中国美术学院的'包豪斯藏品'展"，那时，展览厅里就陈列了第一批保存在中国博物馆内的包豪斯产品、文物、档案以及书信，那些作品都是二三十年以来让我们倍感激动的设计。像荷兰"风格派"（De Stijl）的代表人物里特维尔德（Gerrit Rietveld,1888-1964）的红蓝椅，马歇尔·布劳耶（Marcel Breuer）的钢管椅，密斯·凡·德·罗的巴塞罗那椅子的探索版等等。还有设计历史上占据非常重要地位的彼得·贝伦斯（Peter Behrens）为AEG做的电茶壶和电风扇，都在展览中展出。

这对于我来说就好像人生梦想的一个完结，像一个幸福的梦——睡了很久醒来，梦里的东西都在这里。所以我看完展览后内心很是激动。对我来说，可以说见证了中国现代设计发展的整个过程，从开始到现在，现在这个句点就落在这里。我接下来要做的就是逐步地扩大这个后续的影响。

"包豪斯"的发展，其实与中国的发展有很多相似的地方。做设计史论的人，往往习惯用线性的设计理论，循序渐进、破旧立新。我在早年学习历史学的时候就是过度受到线性历史观的影响，从而把设计史朝线性政治史上剪裁。这导致我们在谈设计的时候很容易犯简单主义的错误。

正如我自己写的《世界现代设计史》（中国青年出版社，2000年版）中的处理方法就是这样，"1933年希特勒把包豪斯关闭，1938年包豪斯主要成员移民到美国。"众所周知，包豪斯于1919年成立，1925年出现最早的研究生毕业生，即马歇尔·布劳耶

等6个人，直到1933年4月关闭。在这个过程里，一共有毕业生约960人。这960人在1938年移民到美国的约有530人，近半数都到了美国。我们将这段时间算作德国的包豪斯时期，之后的纳粹时期我们没有算，然后在纳粹结束以后，我们认为包豪斯的继续就是乌尔姆设计学院（Ulm），其中包括至今还健在的几位重要人物像迪特·拉姆斯（Dieter Rams），我们将这些算成是包豪斯的下一个阶段。基本上，德国的设计史也是这样描述的。事实上，其中缺失很大一部分历史——民主德国（东德）。民主德国在包豪斯的这个设计历史过程中成为一个空缺。大家只谈联邦德国（西德）不谈民主德国，这样一来，这段历史从战前魏玛共和国直接就跳到了联邦德国。

事实上，民主德国虽然是社会主义国家，但民主德国却是当时十几个社会主义国家阵营中较为发达的国家。同时，民主德国也设计了很多消费产品，并且其中有许多继承了包豪斯的传统——理性主义。虽然民主德国比不上西德，但它的这段历史依然存在，而这一部分历史我们没有提。所以希望下一次的包豪斯展览能够将民主德国的那一部分合并起来，这样就可以展示出整个德国的面貌，因为它们毕竟同属于一个德国。

谈到中国，中国的现代设计史在很多的阐述里面都认为在新中国成立以后因为实

行计划经济，导致了设计比较落后，因而只有工艺美术得到发展，其他的设计领域都不发达。直到1978年的"第十一届三中全会"以及之后的改革开放才开始有所发展，而真正中国现代设计的起点是在1980、1990年代。其实这个说法也有所偏颇，因为没有把在香港和台湾地区的设计算在里面。事实上，台湾地区在1970年代成为雨伞王国时，他们的设计已经得到了发展。再就是香港的设计，起步更早。1963年，石汉瑞（Henry Steiner）从耶鲁大学毕业来到香港开了设计事务所，影响了包括靳埭强、刘小康、陈幼坚、韩秉华等人在内的好几代人。那个时候的香港平面设计就已经走向现代，再加上王无邪等一批人的影响，对香港的设计进行了启蒙。这些发展同属于中国大设计的一个侧面。

几年前，在汕头大学举办的"与德国同行"活动中，请到了一些来自民主德国的学者，其中有一位专门研究民主德国计划经济时候的设计，他的发言是我近年来听到的当中最令我激动的。虽然联邦德国我了解很多，但民主德国部分我知之甚少，而他讲的恰巧是这一部分，并且带来了很多精彩的图片。那次活动后也出了一本书，叫做《与东德同行》，里面就有这一部分的内容。我很希望这部分的工作在我们历史研究界能够得到重视，这样我们才能知道现代设计历史的整个面貌。

中国的设计的确有很长一段时间处于缓慢发展阶段，但在这个过程里面，依然有一些人在推动设计发展。中央工艺美术学院的庞薰琹先生，1929年他在法国学习的时候，曾去过德绍包豪斯，这是他亲口对我说的，但他没有提到太多。1990年前后，我从他女儿庞涛提供的一些她父亲的资料中可以找到一些信息，但并不详细。还有一位就是郑可先生，他同我讲得很详细，郑可先生也是1929年去的包豪斯，而且在那里待了一个星期，旁听了一些课程，还做了一些功课。他留下的几张功课中还有用色粉笔画的产品预想图。他是我见过的中国唯一一个在包豪斯上过课的人。其中还有一位很重要的人物就是中央工艺美术学院的余秉楠先生。余秉楠先生1956年赴德国莱比锡学习设计，莱比锡距德绍仅半小时火车车程，因而他在莱比锡必然会感觉到很多包豪斯留下的设计和传统。余秉楠老师回国后在中央工艺美术学院教书，两年后，"文化大革命"爆发，因而很多东西他没能够讲出来。余秉楠老师事实上就代表了另一种德国传统，也就是包豪斯在民主德国。

间接影响中国设计发展的脉络也有几条，我本人就是受间接的影响。第一条比较直接的是"文化大革命"后最早出国的中央工艺美术学院的柳冠中先生。他去德国斯图加特学习，学成后，不仅把思想带回国，还带回一位教授——雷曼教授。他在中央工艺美术学院做过很长一段时间的讲习班，我听过雷曼教授的课，基本上是将包豪斯的那套传统和乌尔姆的那套传统带到了中央工艺美术学院。第二条就是张福昌先生和吴静芳老师，他们分别到日本筑波大学和日本千叶大学。回国后将其带到了无锡轻工业学院。第三条就是在广州美术学院，主要是受石汉瑞的影响。石汉瑞在1978、1979年受当时驻港的新华社委托，邀请了7个人到广州的包装公司和广州美术学院演讲，跟随石汉瑞来演讲的就有设计师靳埭强。他们当时讲到了包豪斯，同时还带来了很多图片和一批书。对我影响最深的就是那批书，尤其是日本学者胜见胜写的《设计运动100年》，这本书经过台湾学者王建柱翻译成中文在中国大陆地区出版，并在香港地区销售，从而带到了我手中。这是我第一次看到完整地描述包豪斯设计历史发展的书。

中国室内设计新浪潮

撰　文｜西西

　　生活方式的多元化带来了相应的空间设计多元化需求，这既给设计师带来了挑战，同时也给设计师提供了舞台。这几年的设计界缤纷多彩，但有些改变是值得一提的。

向传统学习

　　越越来越多的设计师开始回归，重新审视我们的传统文化和艺术，并从中获取创作的营养。荣获普利兹克建筑奖的王澍长期致力于中国传统建筑营造与当代建筑语言转化的研究和实践，从他设计的水岸山居可以看到他对传统空间、传统建构的理解和创新。中国室内设计界的泰斗张绮曼先生新近完成的隋唐洛阳城国家遗址公园中的标志性项目——天堂和明堂的设计中将传统元素演绎创新，生动传神地再现了唐代的文化精神。而室内设计师余平则长期坚持可持续设计的理念，从传统的民居中学习自然通风、自然材料等运用方式，并在瓦库系列中加以尝试。尊重场所、尊重文化已经成为中外设计师在中国实践的准则。

为大众服务

　　在设计越来越被重视的今天，各地电视台也策划了很多设计类的节目，其中一些公益节目受到了观众的大力追捧。设计师也因此进入公众视野并为大众服务。东方卫视策划的《梦想改造家》节目邀请了多位设计师，每期海选一户有住房难题的家庭并为其提供免费改造设计。极端逼仄的现有居住条件给设计师带来了挑战，同时也带来了前所未有的体验和思考。此次介绍的是建筑师柳亦春为上海一居民所做的改造和设计师李道德为四川省甘孜藏族自治区所设计的牛背山志愿者之家。

创本土品牌

　　高档酒店国外品牌一统天下的时代已经结束，国内的本土品牌这几年正在成长和成熟。本期所呈现的"诺金"、"隐居"、"猪栏"等，虽然定位和投资方式各不相同，但都是真正本土的酒店品牌。这些本土酒店为本土设计师提供了大量实践的机会，也为展示本土文化提供了场所。

让设计跨界

　　设计从本质上来说是为生活服务的，有时候无设计的设计更接近设计的本源。诗人寒玉夫妇投资和改造的猪栏三吧或许能给我们一种新的启示。她就地取材的构筑方式，赋予寻常旧物新生命的方法让空间散发着一种随性和自然。而当喜舍主人庞喜为他自己设计的产品做一个展示空间时，产品与空间已经难舍难分了。

　　当今的设计界是一个多元共生的时代，本主题有限的篇幅里只能撷取片段的精彩和独特来共享。应该说，这是一个好的时代。

主题

隋唐洛阳城国家遗址公园：天堂·明堂
MINGTANG AND TIANTANG IN SUI TANG LUOYANG NATIONAL HERITAGE PARK

天堂摄影	郑林庆、温海城、翟炎锋、赵囡囡
明堂摄影	高飞、翟炎锋、赵囡囡、丛大洋
资料提供	张绮曼教授环境艺术工作室
地　　点	河南省洛阳市
建筑总面积	天堂：13 260m²；明堂：9 888.92m²
室内设计面积	天堂：7 400m²；明堂：9 300m²
室内总设计师	张绮曼
设计单位	北京筑邦建筑装饰工程有限公司、张绮曼教授环境艺术工作室
施工单位	苏州金螳螂建筑装饰股份有限公司
设计时间	2012年~2015年

1 明堂宝顶
2 明堂·天堂实景图（图片提供：洛阳文化投资管理有限公司）

洛阳，历史文化遗产丰富，是中国建都最早、朝代最多、历史最长的都城。以洛阳为中心的河洛地区是中华文明的发源地，河洛图书诞生于此，儒、释、道、玄、理肇始于此，科举制度创建于此，丝绸之路与隋唐大运河亦交汇于此。

隋唐洛阳城国家遗址公园是隋代、唐代、宋代宫城遗址的核心区域，于2005年被列为国家"十一五"期间重点保护的大遗址之一，是洛阳打造国际文化旅游名城的"天字一号"项目。该项目的建设，以重要遗址点保护展示为突破口，遗址公园建设为核心内容，力求在保护的基础上实现有效利用。其建设要点可归纳为一区（工程遗址核心区），一轴（应天门遗址——天街遗址及两侧相关区域——定鼎门遗址及周边区域）。在重要遗址点保护展示的基础上，辅以水系、绿化、考古体验、农林、休闲、娱乐、旅游等设施。建设自2009年正式开始，2012年天堂土建工程完工。之后，张绮曼教授的工作室于2012年至2015年受洛阳政府邀请承接天堂和明堂的室内设计项目，而天堂与明堂亦正是隋唐洛阳城国家遗址公园内的两个核心建筑。

在"十二五"期间，遗址公园内的主要遗址点的保护展示和相关前期建设基本完成，在这之后又优先进行了以天堂、明堂、应天门、天街、定鼎门为核心的历史文保区域的保护利用，再打通了天街所需的里坊居民安置区域，其次开展了公园绿地的建设活动。

2	3
1	4

1 "万象神宫"女皇宝座平台

2-4 "万象神宫"女皇宝座平台及装修细部设计

明堂

洛阳明堂是唐代武则天时期的神都洛阳皇宫正殿,又叫"万象神宫"。明堂属儒家的礼制建筑,为古代帝王明政教之场所,凡祭祀、朝会、庆赏、选士、受贺、飨宴、讲学、辩论之用等大礼典均在此举行。可以说,明堂是隋唐洛阳城国家遗址公园工程中的首个亮点。然而,现今的这个明堂,其实并不是真正意义上的武周明堂,它是明堂遗址本体的一个钢结构展示性保护建筑,外观为三层台基,层层收分,上为八角攒尖屋顶,内部共分为两层,建筑总面积为9 888.92m²。在园内天堂落成后,为统一整个景区的风格,明堂建筑外型的改造设计工作是由著名古建设计专家郭黛姮教授主持。改造后,所有墙面与基座均换成黑瓦色金属面板,也象征夯土遗址,与天堂外观色彩统一,使整个景区色彩更加协调。更值一提的是,明堂顶部也进行了大规模改造,屋顶整体提升约6m,外加宝顶6m,在檐口下增加简化的斗拱,总高可至30m,外观分三层,较原来更能体现史料记载信息,更具宫殿气势。

明堂是武皇的施政大殿,是"至尊所居"和皇权的象征。故而,明堂的室内设计定位于展现唐代和皇家气派、国家秩序以及当时经济文化所达到的高度的施政场所。明堂一层遗址大厅由结构钢架及玻璃地面悬架于遗址大坑之上,明堂与天堂的展示模式是相通的。遗址坑中中央大厅由8根金色圆柱及四方神屏风格栅灯围合组织空间,四方神位于明堂遗址层中心遗址坑的四个方位,分别为

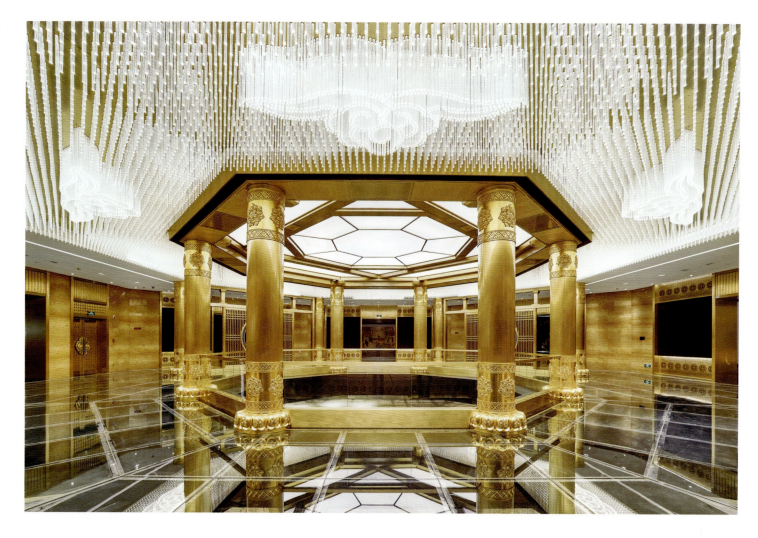

1　明堂遗址层
2　遗址层云形水晶灯
3　贵宾茶室

东方神青龙、西方神白虎、南方神朱雀、北方神玄武。神像造型区别于广为熟知的汉瓦当中凶猛的四神形象，选用并整理作出平和祥瑞的四方神图像，四周配以几朵潇洒飘逸的云纹图案，增添了动感，外环为精致华丽的唐式边饰。在天花设计上，与导光透明亚克力细棒玻璃地面相呼应，端头发光点形成8朵祥云环绕一周，创造出遗址大厅天地空灵通透、引人神往的诗意境界。在一层的青龙方位，是一处电影厅，设计色调定位深蓝色，以唐风宝相花浮雕图案作为唐代元素嵌饰于竖向分块的墙面、坐席围栏、天花上的风口横向线型装饰等处。纪念品商店也同在一层，展示出售明堂、天堂及古都洛阳的旅游纪念品。店内专门设计的唐风高矮展示柜形成围合布局，且其中的唐风商品柜立面点缀有宝相花浅浮雕图案和壶门线型装饰，意在与整体设计的呼应统一。

二层万象神宫地面的中部圆孔被封闭了起来，且抬高了中心皇帝宝座及周围地面高度，并在这个高于地面的平台上再次提升高度。二层平面摆放宝座及陈设仪仗用品，与此相呼应的天花也随着层层高升的梁枋和八角形藻井，烘托着中心天光漫射的照明形式，以及璀璨的"盛唐之光"大型壁画装饰，组合形成大殿的视觉中心。考虑到如接待活动的多功能要求，二层还专门设有一间小型的贵宾接待室，以及一处接待旅游人士的高雅茶室。

1 天堂——天之印象
2 天藏·珍宝阁

天堂

天堂，又名"天之盛堂"。其遗址位于现洛阳市定鼎北路与唐宫东路相交的东南，隋唐城宫城核心区中轴西侧，与明堂直线距离约112m，经考证为武皇命令薛怀义主持建造的用以贮藏佛像的佛堂建筑，具有重要的历史、文化、艺术和旅游价值。

天堂是国家大遗址保护洛阳"一区一轴"中的重点项目，并将构成隋唐洛阳城国家考古遗址公园的核心内涵，于2010年6月启动。天堂外观为5层，内部为9层，通高88.88m，是一座由郭黛姮教授设计的、外观仿唐代建筑风格、内部钢结构、外部装修贴饰紫铜的保护展示性建筑，其总面积为13260m²。

天堂的室内设计旨在体现"盛唐"的繁荣昌盛与文化艺术在中国历史达到的高度，定位在大唐宫殿级的空间塑造和精湛的装饰艺术、陈设艺术，再现唐代辉煌和唐风遗韵，同时还融入了当代精神，创造出令人震撼的空间。再现，是该项目室内设计的一个关键词。它应当是一种建立在尊重历史的基础之上的延续和创新，与考古有别，也不是简单地复制历史。天堂在功能上与历史上的武皇天宫已然不同，不再是武曌个人的佛堂，而是有文化展示、宗教活动、高标准接待、旅游参观、演绎唐代礼仪和生活方式的功能空间。故而，在考证历史资料的前提下，张绮曼教授及其工作室成员在天堂的室内设计中，提炼唐代元素，选用现代装修材料，设计出唐代风格的空间意象和家具陈设、器物、服饰等等，由是让参观者、使用者进入到天堂后即能感受到在当代语境下的大唐艺术空间的辉煌之感。

建筑设计，某种程度上，也可被理解为是室内设计的外在延续。在张绮曼教授看来，如天堂这一类具有特殊性的公共建筑，其自身本就具有语义的复杂性及工艺的多样性，建筑室内外空间的整体性、界面的连续性以及细节的相关性，是决定作品整体是否完美、和谐、统一的关键。故而，在设计过程中，工作室对实现"与建筑互动融合"的一体化设计上给予了高度关注。譬如，建筑的体形为圆形放射状对称结构，室内设计的平面布局亦是呈圆形放射状分布；再如首层及二层大空间中的环形柱廊，在形式上与室外柱廊相呼应，一定程度上显现出装修装饰层面上所具有的延续对应。

回到天堂室内装修的细部，在唐风家具的设计上，工作室力求"神似"，而不是刻板无趣的"形似"。因为在现有的史料中，唐代家具形制较少，画师通过绘画只是反映了家具的外貌形式，而不能正确反映家具结构与细节，故若只是简单复制史料中的造型要求，无法真正反映出唐代家具的结构工艺水平，亦不能满足天堂高端定位的需求。经过一番深入挖掘及研究分析后，设计所达到的"神似"是在"形似"基础上的升华，再现并创作出了符合唐代生活方式的唐风家具。同时，大量的唐风图案在进行整理修改及创新设计后，亦被广泛运用在天堂的立面装修、天花及地面之上，对于塑造唐风遗韵的空间形象也发挥了重要作用。

此外，现代科技的融入及运用，也是一大亮点。在设计中，大量的当代材料，被根据其不同的肌理，由设计师进行了组合，体现出当代艺术的特点。例如大空间主题灯

主题

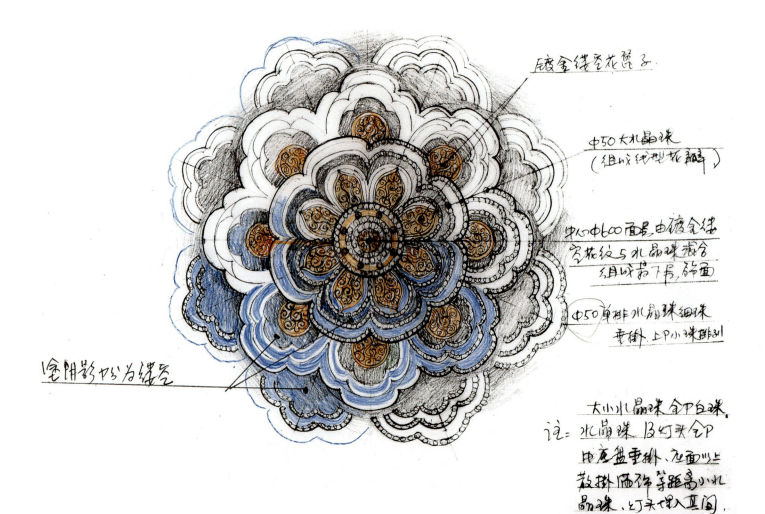

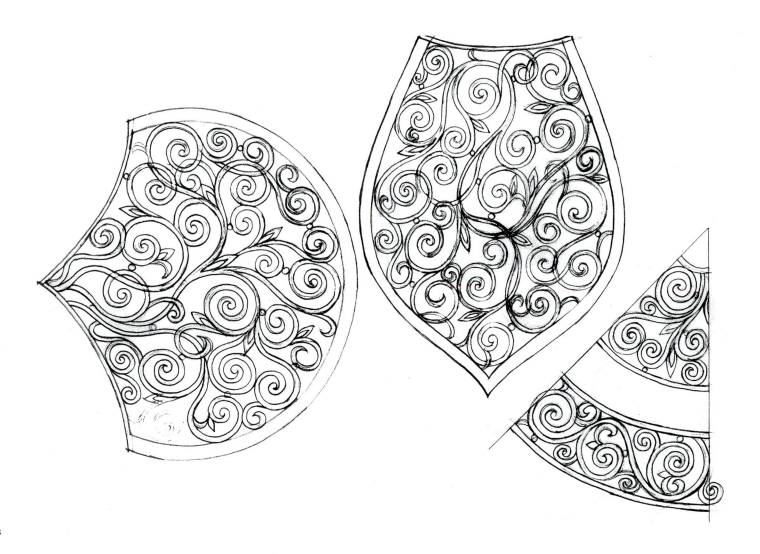

1.2 "莲心牡丹"散点组合式水晶灯手稿
3.4 "天之圣堂"天花细部

具设计，选用人造水晶挂珠的散点组合结构方式，打破了高大空间悬挂大型花枝水晶灯的笨重做法，同时还创新采用了LED照明光源。

人文关怀，也是室内设计需着重考虑的一个方面。天堂项目看重人性化设计，力图平衡功能与精神的两方面需求。通过良好的功能设置以及体贴入微的细部设计，为使用者提供了人文关照。各层的室内设计和陈设艺术营造了典雅宜人的功能空间，就例如在各层窄小的塔内平面设计时，挤出了必要的卫生间，增添了游人休息用的唐式长榻等。另外，在尺度掌握、色彩、肌理以及触摸感受等诸多方面，设计团队也进行了审慎考量。

主题

水岸山居
THE MOUNTAIN RESIDENCE BY THE WATERSIDE

| 撰　　文 | 小树梨 |
| 摄　　影 | 张广源 |

地　　点	浙江杭州象山
基地面积	7 500m²
建筑面积	6 200m²
设计团队	业余建筑工作室
建 筑 师	王澍、陆文宇
结构类型	钢筋混凝土框架与局部钢结构、夯土围护墙体、木结构
主要材料	竹胶模板混凝土、回收瓦及缸片、生木、松木
设计时间	2005年~2013年
竣工时间	2013年

主题

1	3	
	4	5
2	6	

1　屋顶及长廊山道
2　基地平面
3.4　平面图
5　屋顶平面
6　屋顶木架结构平面

　　背倚象山，前临杜家浦小河，中国美术学院象山校区专家接待中心便坐落于此。山虽静默，水亦不语，然则流水淙淙、花草掩映间，依稀可见、可感那百余米长的青瓦屋檐，以及檐下那一如"小村落"般房子里的盎然意趣。既提到意趣，给这一处房子命名时，倒也确是牵出几则小有情思雅趣的旧事。说起给景致、园子取名，王澍也有自己一番见解："名字实际就是一条线索的线头，循它问去、看去，多少记忆——复活。真正打动人心的，肯定不只是那些来自文史、画史和建筑史的泛泛典故知识。营造的起兴，更来自纯粹的个人回忆经验。"故而王澍初给此处起名为瓦山，因这一作品算是接上了2006年威尼斯建筑双年展上"瓦园"的旧线，正是回应了"线索"及"回忆经验"这一说。且这处房子初映入人眼的便是长长的青瓦屋顶，而披盖在屋顶下的内结构亦如一座山一般丰富，故若得"瓦山"一名，也是发乎情又止乎理。但到现在，这房子更多被称作为"水岸山居"，这是由院长许江提的名。因这房子原址是美院内一间老餐厅，名为"水岸边"，很受师生欢迎。想来王澍对"水岸山居"这个名字也是喜欢的，因这也是循了美院师生鲜活的记忆线索，自也是别有情致的。且加之，在营造中，原来建筑里的砖瓦、石块也未被全然弃用，而是再利用到水岸山居的一些饰面上，更为这份怀恋、追忆旧日的情思增添了分量。

　　回到建筑本身，在一处地方建起一栋屋

1　原建筑
2　桥
3　河
4　原路段
5　新路段
6　停车
7　绿化

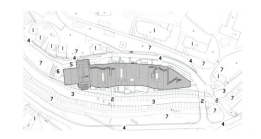

1	入口大厅
2	前厅
3	接待处
4	早餐室
5	办公
6	西式厨房
7	设备
8	房间
9	平台
10	水池
11	庭院
12	服务间
13	餐厅
14	舞台
15	中式餐厅
16	餐具室
17	礼堂
18	管理室
19	贮藏间
20	茶室
21	会议室
22	演讲厅
23	套间(起居室)
24	套间(卧室)
25	机房

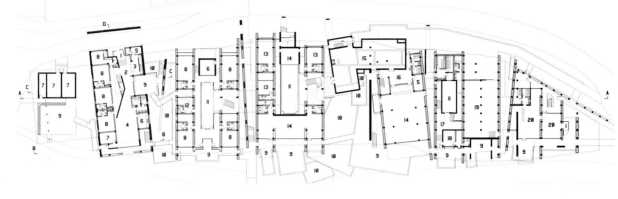

一层平面

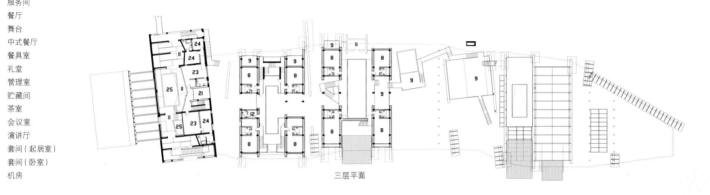

三层平面

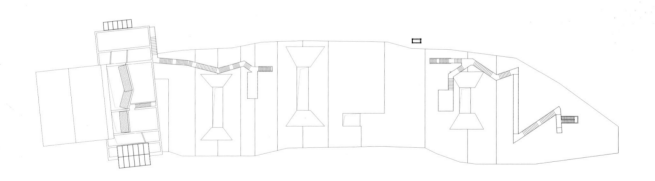

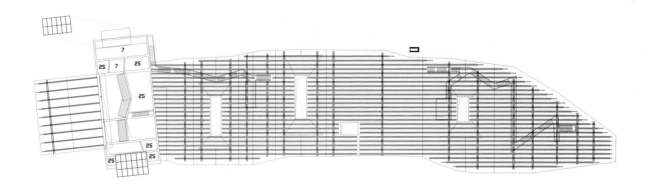

1.2 顶层内部细节

宇,又何尝不是一种"取名"的过程?另言之,即是将二维的、文字的一笔一划化作有立体形态结构的、从建筑语汇中被择出概念而后实现的"名字"。取名,以何命名,这必先有发问而后醒悟。王澍自言有一顽念,即是把一张典型的山水立轴做成一个房子。质疑、发问、点醒、顿悟,在推翻前两个设计方案后,大抵在现今这一处水岸山居里,他找到了自己的答案。然而,自发问到点醒,这一过程是不会歇止的。而今,关于这处房子而起的问题又转延到了观者身上,而这也将变成观者们日后的"记忆线索",线头的一端就连着象山坡脚的这处水岸山居。

读懂这幅山水画卷般的房子,也是有线索可循的。其一即为视线,或隔水而望,或居外细赏;或自南北穿越,透过屋舍,向北可见象山之葱茏,向南可见象山校区之一隅或从东西穿越,则可赏鉴山居内部景致,譬如那重重布置、疏密得当的隔墙。其二则为通过身体直观亲历的动线,大致又可细分为三条:一条即是沿河而走,穿越过整个房子;一条在二层,或信步往下或拾阶而上,可穿过中部类似山谷和台地的区域;更有趣的一条是设在屋顶的长廊山道,上下盘桓曲折间,尽览水岸边山居之全貌。

曾有观者问道,为何在同一地点,同时出现粗大的木构和纤细的竹条,却不让人觉得难受?各在其位、各做其用、各有本性,这是王澍给出的答案。细想,观者这一问也许本就含了不自知的了悟。不难受是因不强求,而不勉强、不忸怩则最自然,则最近山、水、竹、木、土的本貌。水岸山居中,多用到了夯土构筑。夯土这一种几经被遗忘的、较常现于乡土营造里的材料,本身就在诉说着自然的道理:周而复始,生生不息。筑夯土的材料就取自选址的地基,而他日即使筑起的墙被拆除,土仍可回归大地以待别用。且因其没有化学材料的添加,回归土地之时,亦不会对环境造成负担。这表现出的是一种对自然、对环境的关怀,也是对传统文化中天、地、人三才之道的思考。当下,太多的关注都落在了"人"之一层,不遗余力地追求人之活动区域的舒适最大化,失却了对天地、对自然的敬畏。然而,不见了厚重的"天"与"地",又如何寻得了完整?十一层层夯筑,重现了"地"的厚实。再抬头看,占了大分量的屋架体系也正在诉说着"天"当有的厚与沉重。就功能而言,钢木混编的桁架结构已是足够,然桁架之下又生出繁复的斜向构件若干,拟出了斗栱之态。由是,功能构件的诗意性便得以显现,同时这也表达出一种可能性,一种将传统之美纳入现代建造体系的可能性。或许设计水岸山居的一个重要的出发点便是在当代语境下重新梳理传统乡土营造思想体系,便是思考如何将"匠作之道"提升到"宛自天开"的境界。宛自天开,是对自然之态的向往,而这也不应被限死在所谓"纯粹"的过度追求上。屋顶桁架并非纯木作,而是钢木结合,以钢为主结构。这一方面是考虑到日后维护的可操作性,同时亦是对苛求"纯净"之美的反思。既生在当下,那么使用现代的建造技术,难道不才是与当前境况相融的自然吗?

水岸山居虽已竣工,但由这处房子而发出的疑问、探寻、求索却会一直在构筑的过程中,或关乎乡土营造与现代建筑、或关乎昔日里漫卷书画与眼前的楼阁栈道、或关乎人与天地、与自然、与滚滚时间之流。思考是不会终止的,就如自然一般,生生不息。若有一日,瓦山不再,夯土重归于地,青瓦另覆他屋,被传承的记忆之线却仍是鲜亮的。只因,这山居还依在水岸边……

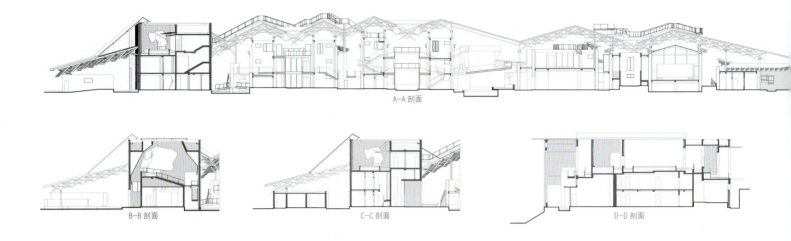

A-A 剖面

| B-B 剖面 | C-C 剖面 | D-D 剖面 |

1　剖面图
2　无封闭墙体的剖面实景
3　依河而建的水岸山居

瓦库 18 号
WAKU NO.18

撰　　文	董静
摄　　影	贾方、文宗博

地　　点	南京市秦淮区老门东
设 计 师	余平
参与设计	马喆、董静
主要材料	金砖（大青砖）、旧瓦、旧木、旧木板、玻璃，白砂灰
面　　积	260m²

"瓦库18号"位于南京老门东历史街区，是"瓦库"系列首个植入历史建筑的案例。面对明清遗存的三进瓦房小院，如何用"瓦"需慎重思考。最终决定室内无需再用"瓦"的集合方式，只需留出中庭院落空间，让真实屋顶上的"瓦"成为"瓦库"的担当者。

改进后的一、二进中庭院落成为平面布局的中心，围绕中心采光天井，座位依次围合排列，共享阳光、空气、风雨、瓦韵。二、三进空间采用全玻璃廊桥连接，将两个分离的空间连接成一个整体的空间，以满足商业功能需求，也保证了应有的采光系数。在廊桥的下部设定一个可翻起的条形窗，供室内外空气流通。缓缓的流水覆盖着玻璃廊桥，将阳光、水流和天空组合，强化阳光空气的设计主题，为老建筑注入新语言。同时，设计了一些采光墙洞，以提高老建筑采光不足的缺陷，提升老建筑的光韵之美。

面对历史建筑，需用发现的眼光去审视，最大化地找出建筑体上的优良基因，保留并将其最终呈现。比如，对建筑中原有木结构、砖墙、瓦顶等有岁月痕迹的部分保留，不做任何多余的附加，只进行文物式的保护与修整。木、砖、瓦这些有生命属性的材料已具有时间踪迹，我们只需将过去与现在连接在一起，让它们延续岁月"踪迹"之美。

选用本地金砖（大青砖）铺地，将其做深度工艺处理，产生一定的年代感，追逐老建筑岁月之美。

解决老建筑采光不足、通风不良等问题。充分利用天井的自然光，借助可开启的窗、墙洞等引入自然光，并合理送入二次空

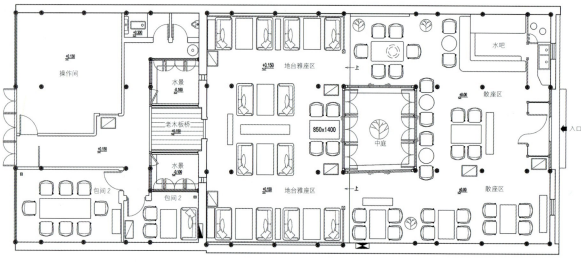

1　　2
3　　　4

1　外墙

2　平面图

3　室内

4　挂有涂白瓦片的走廊

间，消除室内空间的每一个采光死角，降低能耗；使用吊扇，加速空气循环。实现"让阳光照进，让空气流通"，以此提高室内环境品质。

将建筑墙体的锐角打磨成圆角，起到自我保护、自我完善功能，并让商业空间获得温和感。

为解决因物料开裂造成的室内"短命"问题，去掉不必要的装修式语言，如无吊顶，无踢脚线，无门窗套，无消防栓门等，让室内空间完全以建筑体来呈现，实现让"室内"长寿的目标。选用旧瓦、旧木板、水泥砂灰、纯棉布织品等有生命属性的材料，融入空间，与历史建筑一同"生长"。

通过传统建筑的发现、保留、修复与改造，在保护与创造的微妙关系之中寻求一种恰当的方式，借自然之力，以最少的施工介入，最少的物料，顺应时间"生长"，这便是"瓦库"的设计追求。

涂白的瓦片只作为后期的陈设，挂在墙上似一页页书，等待人们日后的参与；二片古瓦片涂白后附上字样，作为"瓦库18号"标志的载体，简单，经济，实用，合情合理，成为路人的新看点。

| 1 | 3 | 4 |
| 2 | 5 | |

1　入口
2　本色的墙
3-5　休憩空间

主题

苏州喜舍
XI SHE

资料提供	庞喜设计顾问有限公司
地　　点	江苏苏州
设 计 师	庞喜、解瑜
面　　积	800m²
设计时间	2013年

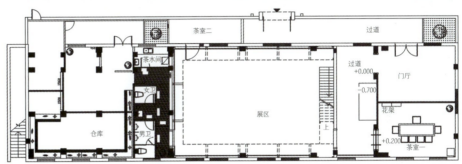

1 茅屋茶室
2 喜舍入口
3 平面图
4 入口小径

喜舍，是2013年年初，由庞喜及其太太解瑜共同创建的。取"喜好延展之地"之意，而将其命名为"喜舍"。

喜舍的构想是做出"城市的人文客厅"，客厅中承载的是与生活息息相关的各个方面，用于推广中式风雅的慢生活文化。把生活中茶、香、花、酒、食、书、乐融入到空间中，让生活滋润美好起来。

建筑原为20世纪50年代的药厂，面积578m^2，在结构上有着前苏联工厂建筑的明显特征：大跨度、大结构及大层高。项目地处苏州，因而在设计中将工业的气息与苏州小调的风格结合在一起，在空间上加入了苏州"小"的元素，如在局部整块的墙面上，不对称地加入苏式的六角窗，有正方的也有长方的六角窗。钢结构也在整体中占很大比例，与苏州软性结构形成对应融合，营造出空间所独有的格调。经改造后建筑面积为800m^2左右。

进入喜舍，会先经过一段窄长的迂回，到了一层的中庭大厅便豁然开朗。大厅主体没有做任何实体隔断，保留了10m的层高，在四周用铁架搭出二层回廊，架下以屏风、移门、竹帘做隔断，分成大致五个区域，或茶室、或书屋、或吧台……空间一开一合，层次分明。二层布置有主人的工作室、雪茄室等。

喜舍内设置了三个茶室，风格皆不尽相同。大厅处开朗通透；二楼设置一间私密茶室，格调尽显；后院则布置为茅屋茶室，古朴宜人。茅屋茶室顶为茅草所覆，两面靠着围墙，一面依着主屋，另一面则为半开放，三张卷帘半卷半收，自然随性。茅草下，放置一个简单的木台，铺几张榻榻米地垫，安放一个小几，一张木架。约一个人，生一炉炭火、煮一壶泉水、泡一壶老茶，或看雨、或赏雪、或避暑，无不畅快淋漓！

喜舍的家具与陈设讲究简约与通透之感，苏州的古建筑材料也很好的运用其中，以营造出一种别样的古风与气韵。中庭的某个隔断处，点缀一段老牌坊上取下的明代断石柱，石柱的四面雕刻着古朴的鱼纹，沉静雅致；古董鱼缸背后，放置一段枯木，灯光射来，鱼缸枯木的影子正好投影到夏布屏风上，在钢铁元素的衬托下，形成一幅古韵悠然的画面……

喜舍的空间是不固定的，随着时间的推移，空间也在不断地调整与维护，一摆石，一竹帘，一草一木皆成格调。

1 二层回廊
2-4 一层大厅

主题

| 1 | 5 |
| 2 3 4 | |

1-5 各茶室细部

主题

曲廊院胡同茶舍
HUTONG TEAHOUSE

摄影	王宁
资料提供	建筑营设计事务所
地址	北京市东城区
设计团队	韩文强、丛晓、赵阳
项目类型	民居改造
设计内容	建筑+室内+景观
建筑面积	约450m²
设计时间	2013年6月~2014年3月
施工时间	2014年3月~2015年1月

主题

项目位于北京旧城胡同街区内，用地是一个占地面积约450m²的"L"形小院。院内包含了5座旧房子和基础彩钢板的临建。小院原是某企业会所，后因经营不善而荒废搁置。改造后的功能是以供人饮茶阅读为主的茶舍，同时也可以接待部分散客就餐。

设计的理念：修复旧的和植入新的。

修复旧的

整理和分析现存旧建筑，是设计的开始。北侧正房相对完整，从木结构和灰砖尺寸上判断，应该至少是清代遗存；东西厢房木结构已基本腐坏，承重的砖墙应来自20世纪70年代的改建；南房木结构是老的，屋顶结构是用旧建筑拆下来的木头后期修缮的，墙面与瓦顶都由前任业主改造过。根据房屋的年代和使用价值，设计采取选择性的修复方式：北房以保持历史原貌为主，仅对破损严重的地方做局部修补，替换残缺的砖块；南房局部翻新，拆除外墙和屋顶装饰，恢复到民居的基本样式；东西厢房翻建，拆除后按照传统建造工艺恢复成木结构坡屋顶建筑；拆除所有临建房，还原院与房的肌理关系。

植入新的

旧有建筑格局难以满足当代环境的舒适性要求，新的建筑必须能够完全封闭以抵御外部的寒冷。为此，建筑中的流线被视觉化，转化为"廊"的形式，在旧有建筑的屋檐下加入一个扁平的"曲廊"将分散的建筑合为一体，创造新旧交替、内外穿越的环境感受。在传统建筑中，廊是一种半内半外的空间形式，它的曲折多变、高低错落，大大增加了游园的乐趣。犹如树枝分岔的曲廊从室外伸展到旧建筑内部，模糊了院与房的边界，改变院子呆板狭窄的印象。轻盈、透明、纯白的廊空间与厚重、沧桑、灰暗的旧建筑形成气质上的反差，新的更新、老的更老，拉开时间上层叠的差距，新与旧相互产生对话。曲廊在原有院子中划分了三个错落的弧形小院，使每一个茶室有独立的室外景致，在公共和私密之间产生过渡。曲廊的玻璃幕墙好似一个悬浮地面之上的弧形屏幕，将竹林景观和旧建筑形式投射到茶室之中，新与旧的影像相互叠加。曲廊同时具有旧建筑的结构作用，廊的钢结构梁柱替换了局部旧建筑中腐朽的木材，使新与旧"长"在了一起。

旧城既包含着丰富的历史记忆，又包含着复杂的现实生活。历史建筑只有在不断地被使用中才能保持活力，而使用方式又反过来不断改变建筑。当代旧城民居改造需要在历史价值与使用价值之间保持适当的平衡，灵活处理两者之间的关系能够演化出丰富的现实环境。因此新生活和新业态恰好是一种催化剂，让改造梳理历史的层级，激发使用的乐趣。

主题

1	主入口	6	书吧
2	前台	7	厨房
3	庭院	8	办公
4	餐厅	9	卫生间
5	茶室	10	库房

1	餐厅		
2	庭院		
3	廊道		
4	书吧		
5	厨房		

1	3
2	4
	5

1 室外
2 改造前建筑
3 平面图
4 剖面图
5 游廊内景

41

1	2
	3
	4

1　房间内景
2-4　游廊内景

主题

主题

苏州河畔艺术家工作室
ARTIST STUDIO BY ONE HOUSE

撰　　文	方磊
资料提供	壹舍室内设计（上海）有限公司

地　　点	上海苏州河畔
设计公司	壹舍室内设计（上海）有限公司
设 计 师	方磊、葛诚云、孙雨
主要材料	钢板做旧、白色乳胶漆、白色人造石、火山岩
室内面积	2 000m²

1-4 建筑外观

20世纪初，在苏州河沿岸因其便利的水上交通，众多银行家、贸易商、资本家纷纷建立起金融仓库与贸易码头，使得此处一度成为上海的物流中心。而沿苏州河两岸的这些仓储建筑也可说是中国早期民族工业发展留下的印迹。昔年昔日，这里曾见证了辉煌和繁荣；此刻此地，艺术、文化、创意将再度鲜活。沿苏州河两岸的历史建筑区域内，如今正集聚了一批极具历史文化价值的仓库改造项目，譬如M50、1933老场坊、四行仓库等。而由壹舍室内设计主持改造的这间艺术工作室，正位于北苏州路和甘肃路交界，隶属于华侨城上海苏河湾，地理位置优越。其前身为上海怡和打包厂，原建于1931年，亦是一处典型的、可窥见上海早年工业发展遗迹的老建筑，故而有较高的改造价值。

原本的老建筑共有三层，而改建的工作室则位于顶层。值得一提的是，此楼顶层拥有很是独特的景观视野，为了能更好地将苏州河沿岸的风光带入室内，设计师为建筑坡屋顶的两面开了不同形式的天窗。具体说来，即是在沿河面做了垂直式的老虎窗形式，使新加建的阁楼空间与一川河水相望；而另一面则开了斜窗以便将更多的光线引入室内。顶面则未做改动，保留了原本的木制框架结构。

由于年数较久，楼内很多地方都出现了安全隐患，所以设计师首先就是对老建筑进行修缮。比方说，为了满足消防规范，原建筑两端的木质楼板被拆除了。然而，这些被拆除的构件并未完全弃用，通过设计师的再次加工处理，这些木材最后用在了建筑里的其他装饰上。

而在建筑空间的划分与使用上，设计师主要以目标使用者的使用需求为基准。为了更充分地了解其需求，设计师与两位艺术家展开了讨论，最后决定为空间分别嵌入两个生活核心。其中，起居生活就发生在核心内，而周围刷成深灰色的底层空间则分担了厨房、卫生间、客房、书房的功能。剩下的三间卧室均被安排在夹层内，通过钢制的楼梯相连。卧室墙面均刷成白色，顶面则悉数保留了原有的木质结构，而内部卫生间因考虑到建筑坡屋顶两边的高度，做了下沉式处理。同时，底层剩余的大空间则全部作为展览使用。

主
题

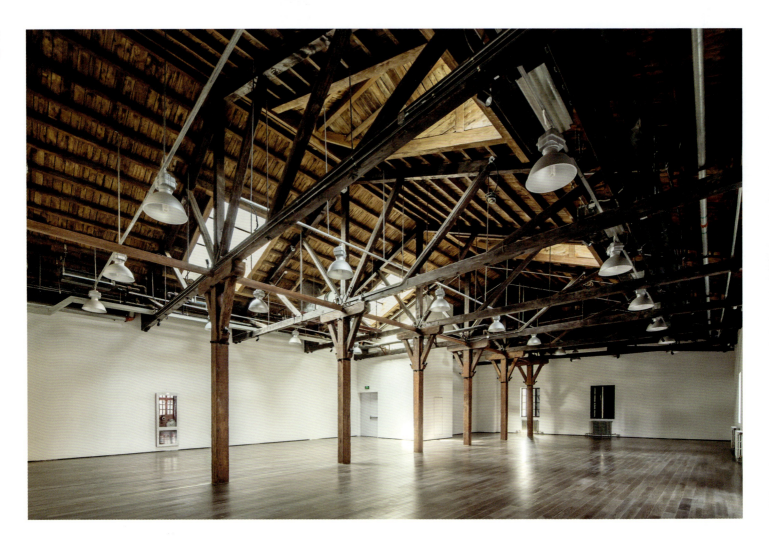

1.2 展厅
3 卫生间
4 卧室

牛背山志愿者之家
CATTLE BACK MOUNTAIN VOLUNTEER HOUSE

资料提供 | dEEP Architects

地　　点	四川省甘孜藏族自治州泸定县蒲麦地村
建筑面积	300m²
设计团队	dEEP Architects
主持建筑师	李道德
施工单位	北京碧海怡景园林绿化有限公司
项目时间	2014年

1 外观
2 屋面细节
3.4 建筑过程
5 总平面

牛背山项目是受东方卫视邀约的一次公益设计，目的是为一群年轻的志愿者们在大山里盖一座房子，而地点就在四川省甘孜藏族自治州泸定县蒲麦地村。这项目缘起于成都的资深义工——大雁和他的一群"90后"小伙伴们在牛背山的一次旅行。被誉为中国最美观云海之地的牛背山，有很多驴友在此徒步登山。但是由于还没有被开发，其基础设施极为落后，故而存在很多隐患，且救援又无法及时达到。蒲麦地村，是离牛背山顶最近的、一个有人居住的小村落，村子里民风淳朴，基本呈现出中国西南地区传统的乡村面貌。多见坡屋顶与小青瓦。正如中国大部分的偏远村庄一样，成年的劳动力大都在城市打工，村里更多的是留守儿童和空巢老人，很多村舍也是年久失修。大雁他们希望在这里建造一个给年轻人提供公益实践的基地，除了可以帮助遇险的驴友，同时也可以为村里的老人、儿童提供服务和帮助。为了保证公益实践的开支，他们也需要这个房子有一定的青年旅社的功能。

改造前的房子是一个传统的破旧民居，门前有一个被当地叫做"坝子"的平台，其坡屋顶为木结构，但瓦已坏。平台上的首层空间被厚重的墙体分割成几个昏暗的小房间，屋顶阁楼也已经破旧不堪，并且亦没有厕所与厨房。在坝子的南侧，有一个后期农民自己加建的、方正的砖房，与环境极不协调且不抗震。项目的改造策略是在完善基本使用功能的前提下，让这个建筑更具有开放性与公共性，可以为更多人群服务。从建筑空间与结构上，经改造的房子力求表现出一种创新性的同时，也具有中国传统建筑的记忆与灵魂，进而使其能与村落、与环境相协调，最终融为一体。

在一层，项目保留并加固了内部的木结构，拆除了面向坝子的厚重墙体和内部隔墙，使一层空间完全开放。作为最重要的公共空间，这一层可作为读书阅览、酒吧、会议等多种功能。而重新设计的钢网架玻璃门，可以存储木柴，在完全打开的时候，将室内外融为一体。坝子北侧的破旧猪圈被拆除，但

1　屋顶木构
2　平面图
3　轴剖视图及各层平面示意
4　钢网架玻璃门

保留了木结构和坡屋顶，并加建了围墙以及下水排污设施，使其改造为厨房、淋浴间以及卫生间，这也是整个村子唯一的一处有抽水马桶的卫生设施。我们拆除了坝子南侧后建的砖房，还原了坝子原本的空间，并加建了一个木结构的构筑物，并于其顶部覆瓦，使之能够遮风避雨。这不仅增大了坝子使用率，也形成了一个独特的观景平台。

项目也尽可能地将当地村民作为主要的劳动力，同时亦用了最常见、最基本的建筑材料和传统的搭建方式，比如当地石块的砌墙方式、坡屋顶与小青瓦形式的保留。当然，在加建的构筑部分，项目采用了数字化的设计方法与生成逻辑。面对主屋，可以看到从左至右，逐渐是由传统转变到了现代，甚至更隐含着对未来的探索。一个和背后大山、云海相呼应的有机形态的屋顶呈现了出来。内部看似是传统的木结构，但又是一种数字化的全新表现。这里所采用的材料也是由四川本地盛产的慈竹所提炼而成的新型竹基纤维复合材料，具有高强度、耐潮湿、阻燃等特性，可循环再生，低碳环保。但对这种异形结构的加工，供应商也是首次尝试，结合建筑师的模型、图纸在施工现场放样加工。在施工工艺中，实现了工厂预制与现场手工相结合。

改造后的房子，有一个造型特殊的坡屋顶。对此，主持建筑师李道德是这样解释的，"这个起伏的屋顶，与背后的大山以及远方的云海之间存在着形式上的某种关联，但我们更希望营造的是内心与情感上的联系，当驴友或者志愿者，甚至是村民们，徒步多时至此，远远可能看到村口有这么一个小小的独特而又熟悉的建筑泛着微微的暖光，就像是航船在大海航行中看到了灯塔，是给人们的一个召唤与鼓励，有着一种强烈的归属感。" END

一层平面（前）

1　平台
2　起居室
3　卧室
4　杂物间
5　储藏室
6　猪舍
7　鸡笼

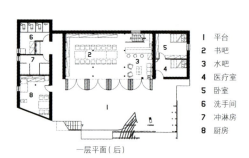

一层平面（后）

1　平台
2　书吧
3　水吧
4　医疗室
5　
6　洗手间
7　冲淋房
8　厨房

主题

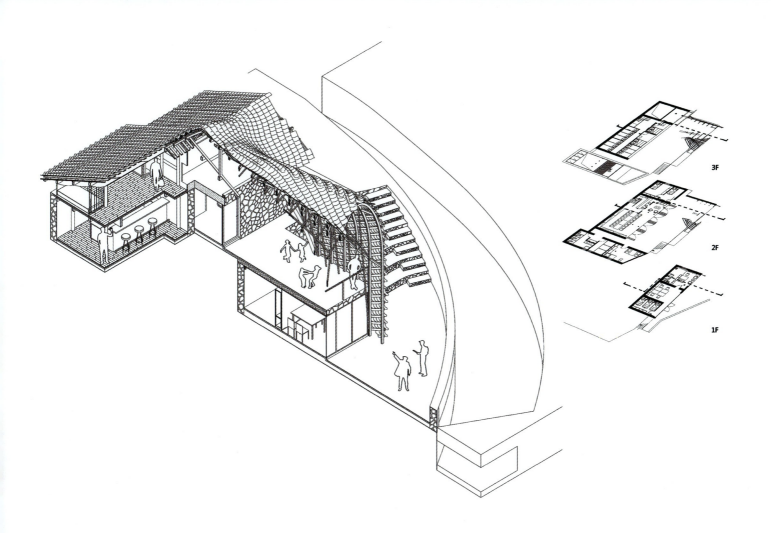

3F
2F
1F

1	3
2	4
	5

1　内部活动空间
2　剖视图
3.4　屋顶结构分析图
5　屋顶结构细节

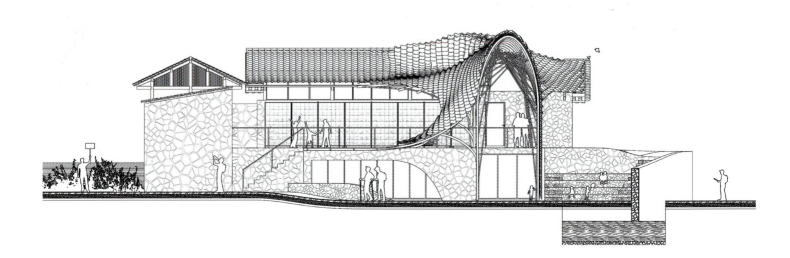

主题

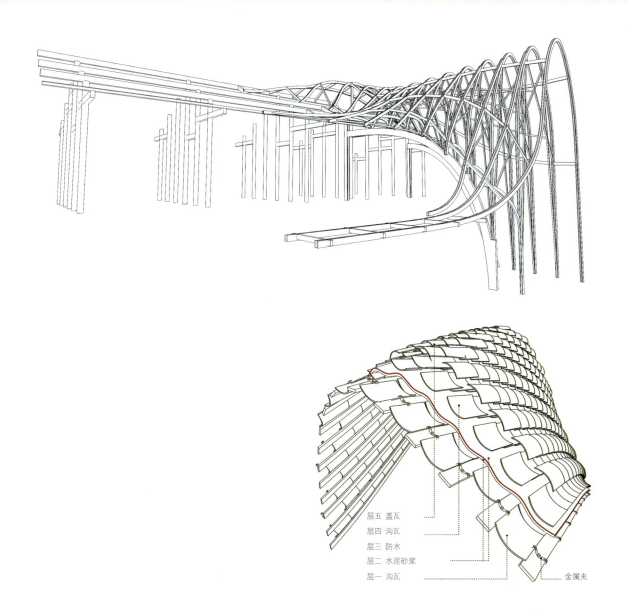

层五 盖瓦
层四 沟瓦
层三 防水
层二 水泥砂浆
层一 沟瓦

金属夹

水箱下的家
RENOVATED HOME UNDER AN OLD CISTERN

撰　文	小树梨
摄　影	苏圣亮

地　点	上海市瑞金路复兴路花园坊内
建筑面积	35m²
主持设计	柳亦春+刘可南
设计团队	大舍+旭可设计成员：柳亦春、刘可南、王龙海、李昂、沈雯、蒋怡青、周沛一、刘然、常洪量、柯明恩、王智励
建造时间	2015年

1	2	3	4
	5		

1　改造后楼梯与三层工作室
2-4　改造前原貌
5　改造后外立面

在城市的发展过程中，城市的更新、再生是无可避免的一个环节，而其中旧城区里老住房改造则引来社会各界的广泛关注。在这样一个大背景下，由上海东方卫视打造的大型家装改造节目《梦想改造家》一时成为城中热话。在其第二季第十一集中，节目组邀请了建筑师柳亦春来为位于前法租界里弄里的一处旧居来进行改造设计。

这处旧房子建成于1920年代，起初被用作水箱，几经波折变动后，水箱层下的三层被隔为六层，以供多户人家居住。而这集的主人公——钱先生一家，便住在这栋旧楼的四至七（水箱）层，故而也被描述为是"生活在水箱里的家"。虽然看似有四层楼的空间，然而内部可供使用的面积却仅为35m²，且每层层高只有2m左右，使得这一家三代五口人只能蜗居在十分逼仄的空间里。

在改造前，钱先生家的一楼主要用作储物及女儿的书房，同时还辟出一小块空间作为简易的洗手间；二楼则用作钱先生父母的卧房及餐厅；三楼为主卧，供钱先生夫妇及女儿使用，但碍于梁高较大的横梁，使用空间十分有限；四楼即水箱层，原水箱结构未被改动，故而被留下的、且已老化的十字横梁的存在，严重影响了该层空间的使用，除了一个搭建的简易淋浴房外，其余都仅为储存空间使用。水箱层还有一横墙，将这一层的空间一隔为二，所以在未做改造设计前，钱先生一家若要使用水箱层的另一部分空间时，须得由一天井上至屋顶天台，再由另一天台而下，极是不便。由上可知，原住居内的功能分布存在着较大的问题；且又加之，竖向联通四层楼的楼梯布局十分松散，梯段的坡度又大（近90°），对于钱先生父母这两位腿脚不便的老人而言，每次上下楼梯更是如同"翻山越岭"般困难重重。由是，若

要在这"水箱里的家"里营造出一番就室内空间层面上而言的、"家"所特有的温馨和舒适氛围,改造设计是不可或缺的。

当建筑师柳亦春看到这处房子的时候,他是这么描述的,"我在这个家上下的时候,就像在一个假山中攀行,这个家把尺度与身体的要素凸显了出来,这正是我感兴趣的。"在极小尺度的家里,身体的尺度与建筑的尺度更容易发生联系,换言之,在这小小的空间里,每一次的走动与攀爬其实也就是在用身体来丈量建筑的尺度。这样一种日常的感受与经验,在设计师看来,应当是安全、方便与愉悦的,而这也成为本次改造设计的一个出发点。

一个家的面积可能是无法扩大的,要使得逼仄的空间在人的感知上变得开阔明朗起来,设计师运用建筑的方法,在"空间"上花足心思。其一即是向外"借空间",利用窗户将室内人的视觉引到室外,从而加大室内空间的延展度。就譬如,在改造后二层厨房客厅比较关键的区域,窗洞尺寸放大了,局部利用墙体的厚度稍微外凸20cm,形成一个凸窗,凸窗外还设有花台,既扩大了空间,又巧妙地使人的视线很自然地就延伸到了室外;相似的还有三层爷爷奶奶的卧室,做了通长的水平窗和花台,将室内的空间完全延展了出去。

另一个方法,即是对空间进行重构。首先,设计师对楼梯进行了重新布局,将竖向通道都集中在房子的西面,并将每层楼梯设为10级踏步,每级踏步高21cm,从而使得梯段的坡度降到了45°。值得一提的还有踏步细节上的设计,设计师特意在楼梯转角的踏步踏面上挖去一块,目的是补足该处踏步踏面进深的不足,以保障楼梯使用者的安全。同时,通过对每一层空间功能使用的重新划分,改造后的这四层住居不仅使得三代人都有了各自的卧室,更重新划出了起居室、会客室这一类家庭成员可共享的空间,既满足了私密性的要求,同时也创造了更多家人之间共享快乐惬意时光的可能性。将煤气管线重设之后,厨房被安置在二楼,而一楼就主要作为玄关使用,同时兼有一些收纳功能。起居室也安排在二楼,与厨房相邻。用餐时,可将折叠式餐桌展开,而起居室里的茶几也是定制的,可拆解为六张小凳以作餐椅使用。为方便两位老人的活动,爷爷奶奶的卧室被放在三楼。而三楼原有的横梁因其梁高较大的问题,使得原本就有限的层高变得更加局促。因此,设计师对这部分结构亦做出改造。受到建造年份早的影响,三楼横梁混凝土强度较低、配筋较少,故而使得梁截面较大。改造时,横梁凸出的部分被拆除一半,通过钻孔注浆打入了高强混凝土,同时也做了增加纵筋、箍筋的处理。改造后的横梁,满足结构方面的要求,同时其凸出顶棚的部分从原先的32cm减小到了15cm左右,使得老人的日常起居感受更为舒适。设计师还考虑到爷爷的爱好——做手工,在卧室旁以活动移门辟出一块独立的空间,作为爷爷的工作室,让老人的晚年生活不仅舒服,还更丰富了起来。而这间小工作室,稍作改动,还可作为这个家里还未到来的小成员的小卧室。四楼是钱先生夫妇的主卧,以蓝色、白色为主的色调,营造出温馨的感觉。四楼即水箱层,也是在结构方面做出较大改动的一层。

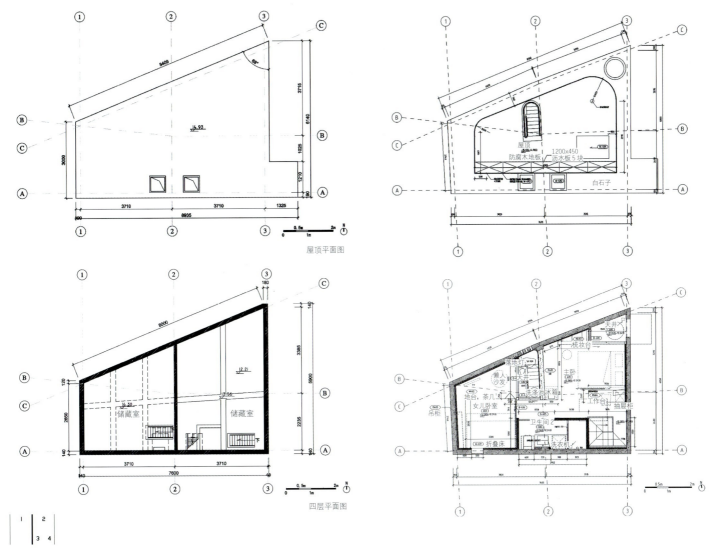

屋顶平面图

四层平面图

| 1 | 2 |
| 3 | 4 |

1 改造后三层祖父母卧室及工作室
2 改造前、后平面图
3 改造后部分楼梯
4 改造后四层临时卧室

考虑到此楼已不再作水箱之用，原用于加固水箱结构的4块十字梁在结构功能上已无太大意义，又常年浸泡水中早已腐蚀失修，故设计师决定用静力切割法将其去除，释放出空间。此外，设计师还在这层开出8处窗洞，保障了这一层的采光与通风，同时也作了内墙保温处理。值得一提的是，原先的一处天井在改造中被充分利用，以用作家具吊装运输的通道，之后被改造为老虎窗，使得这一层更为敞亮。在这一层上，还设有一间小卫生间和一半开放的小厨房，这成全了仍在早出晚归、辛勤工作的钱先生的一个心愿，即减少他的作息对年迈父母生活的影响。原水箱层另一边的空间也被打通，也是以可活动的移门作为隔断，辟出一间会客室，同时也可作为女儿回家时的临时卧房。

除了对各层空间的功能重新定义、划分，设计师在竖向也作了别具巧思的空间整合。具体说来，楼梯的集中布置，使房子多出了一系列的"半空间"可供开发。一层半较小的空间就被用作是"隐藏"的储物空间，而较大的二层半空间，则被改造为卫生间，考虑到爷爷奶奶的活动区域主要集中在二、三楼，这一处的卫生间内还特意加设了专为老人设计的扶手等，保障其使用的安全性。更出彩的还有二层起居室层高的处理，为得到更多竖直方向的开阔，设计师将起居室的顶棚抬高，而抬高的部分正好被用作是楼上爷爷奶奶卧房里架空的床，床下的空间被置换到楼下的起居室，两全其美，可谓别具妙思。事实上，三楼爷爷工作台下的空间也被置换到二层半的卫生间，再一次通过整合的方法，巧妙地扩大了空间。

在室内设计方面，竹胶板的使用是一个重点，它被用作是吊顶、地面及家具制作的材料。首先，因为竹子的速生性，竹胶板是一种比较环保的材料，只需刷一层蜡油即可，不必做太多的处理；其次，竹胶板的浅色质地，也为小家更添温暖之感；同时，以竹胶板为地面，省去了一般铺木地板所需架设的龙骨，再一次节省了层高。而梅花形窗洞也是一个反复出现的元素，使得家的氛围更多了可爱、活泼的意趣。

在软装部分，也可感受到设计师的细心。一个美好的家，是一处会让人在倦了累了之后就会想回到的地方，它除了要有物质的、空间上的安全及舒适感，那种存在在这一处空间里的、家人之间的情感纽带与记忆线索，更是弥足珍贵。思及此，设计师将老家具分解而后组装到新的家具部件之中去，包括了老橱柜门、老抽屉、老餐桌的二次使用。女儿废弃的吉他、衣物等也被再次利用，成为了新家别有趣味的摆件。而原先顶层的十字梁也被保留了两个小段，作为小花台，纪念着这水箱里的小家的旧模样。

再回到建筑整体，设计师未对建筑外立面做大的改动，只是重新刷漆，使其基本保持原样，从而能够一如既往地融入在周遭的环境里，而这也暗含设计师对于住区公共空间改造的一种思考。有趣的是，改造进程中，楼内其他住户对室外公共楼梯改造的诉求，使得设计师有机会把这样的思考展开成一次小小的实践。而在这次实践中，对于社区公共空间的微型改造，设计师也收获了自己的体悟，"最后在这个改造中我并没有像以往的设计那样，一定坚持按自己的想法施工，而是根据邻里的意见，搞清楚他们的根本想法，临时修改原来的设计。所以最后的结果并不完全是一开始的预想，我其实也很期待这种看似'不可控'的结果，设计还是可以有更多的包容性，而且不见得损失设计本身的深度。"

1 改造后二层客厅与厨房
2 改造后四层主卧室
3 改造后三层工作室

主题

中国美术学院民艺博物馆
THE FOLK ART MUSEUM OF CHINA ACADEMY OF ARTS

撰　　文	facade
摄　　影	Eiichi Kano
资料提供	隈研吾建筑都市设计事务所
地　　点	杭州象山
设　　计	隈研吾建筑都市设计事务所
结　　构	小西泰孝建筑构造设计
设　　备	森村设计株式会社
环境设计	中国美术学院风景建筑设计研究院
材　　料	钢筋混凝土SRC
面　　积	11 279m²
建筑面积	4 970m²
竣工时间	2015年9月

1.2 屋顶鸟瞰
3 内景

　　早在 2011 年，隈研吾与中国美术学院达成合作协议，开始为即将落成的民艺馆设计方案。建筑所在的区域是位于美院象山校区的中心地区，位于象山半山腰的坡地之上，周围则被流水环绕。在做实地勘测的时候，建筑师认为民艺馆所在的地形满足了自己"让建筑消失"的理念。在方案的设计上，实现了自己的理想中让空间随着原有地势跌宕起伏，"把这种混沌实现在一个建筑中，使它与周围的混沌融为一体"。在此，他完成了理念到实际建造的过程。

　　在建成的民艺博物馆空间中，每个楼层的设计理念基于平行四边形的单元构成，再根据地势设计成几何变体。每个空间单元都拥有一个单独的屋顶。由此，使得整个空间俯瞰看来如同一座村庄。在阴雨绵延的雨季，宛如身处旧式村庄中，瓦片屋顶在远处绵延起伏。而在民艺馆的开幕展"天工开物——江南乡村工艺的世界"上，延续建筑师的村落概念，建筑入口特别设立了一个水口。模仿江南村落入口处的水井，让远来的人们可以在此歇脚，洗去一路风尘后再进去，充满仪式感地强调了建筑师的村落空间造型。

　　除了内部空间的设计，民艺馆建筑外墙的设计则出自建筑师为此度身定制的方案。他采用由不锈钢丝连接的瓦片，通过智能系统的设计，可以由改变瓦的角度来控制阳光进入室内的进光量。墙面使用来自两个不同地方的旧砖，利用砖本身的大小不一，将建筑结构融入有机的建筑空间。整个墙体不仅出于建筑设计的考虑，亦是将江南建筑的民间手工艺融于现代建筑中。墙本身也是民艺馆中一件重要展品。

　　展馆内部的设计，建筑师考虑到未来民艺馆将以展览手工艺及艺术作品为主的功能，空间动线的布置全部以坡道取代台阶，展馆与展厅之间并没有特别明显的区分。整个展馆虽然分为七个展区，但绵延的坡道将空间打散，让人无法清晰地界定公共空间与展区空间。这也恰恰是建筑师"让建筑消失"理念的实现。END

主题

1　瓦片造影
2　外景
3.4　层差落差的屋面

1		4
2	3	5

1.4.5 天工开物开幕展
2.3 内部空间

青城山六善
SIX SENSES QINGCHENG MOUNTAIN

撰　　文	Vivian Xu
资料提供	青城山六善

地　　点	四川省都江堰青城山镇东软大道2号
建筑设计	Habita Architects（泰国）
室内设计	六善建筑与设计团队
竣工时间	2015年

主题

　　Six Senses 是度假酒店中的翘楚，之前一直被国人俗称"第六感"。这家酒店集团近日在中国的首家酒店终于开业了，并获封新名——"六善"。对酒店行业有所了解的人，对 Six Senses 都不会陌生，度假胜地马尔代夫、苏梅岛等都有它的身影，且从来都是选址在自然奇景之地，譬如能 180° 欣赏到大海的海岛一角。但此次，青城山六善依山而建，是该集团的第一家非海滩度假村。这对 Six Senses 来说，也是一次全新的尝试。

　　青城山历史悠久，这里群峰环绕起伏、林木葱茏幽翠，享有"青城天下幽"的美誉。青城山六善选址在静幽的青城山入口，这与高端度假酒店动辄隐居山林的奇佳位置不同，这样的选址也只能勉强算过得去。但六善的设计团队却依然凭借其深厚的设计功力，通过充满创意与艺术灵性的布局，在城市边缘打造了一个既融合当代文化又不失现代雅致的世外桃源。云雾时常从山谷间涌起升腾，缠绕着秀峰、山峦，这幅动态水墨画亦如青城山六善的天然背景。重塑与自然的联系是六善酒店度假哲学的精髓所在，在青城山六善，这些理念也得到了诠释。

　　整座酒店藏在一条幽谧的竹林小径尽头，这是设计师埋下的伏笔。按照设计师设计的线路，客人应该在竹林小径的尽头乘上电动车，穿越田间小径、蜿蜒水系，在瀑布的左边到达一座古色古香的古建筑。这个组群容纳了多种功能，包括前台、图书馆和莎拉泰餐厅等。

　　这里消灭了一切的康庄大道，让你经由小桥和田间小路位移，让喧嚣和压力在悠悠间抹去。同时，设计师也模拟了众多难以捉摸的时空场景，来助你从现实中抽离。整个酒店集群是以革新的古典村落形式呈现，一

1	3
2	4

1.2 月亮吧
3 建筑外观
4 泰餐厅室内

主题

1　会议区户外
2　竹元素贯穿整座酒店
3-5　全日制餐厅

处处私密院落有致地排布于避世绿洲中。大量巴蜀风韵的装饰与新派中式家具相搭配，让归隐实至名归。

酒店整个建筑形态是浓郁的川西民居院落，每四套住房围在一起，共享一个院落，同时又各自享有一个私密的庭院，让人深信自己就是古村落的一份子。青城山六善共有113间独立套房，其中76间六善套房为半独立复式别墅。客房设计仍然秉承了六善一贯坚持的简洁有序及贴近自然，浓厚的文化元素亦是本土化氛围的最真切体现。在室内空间架构中，古老的中国传统文化被现代手法重塑，以一种独特的方式继续述说历史。从客房内显眼的横梁，到古色古香的中式家具，再到精心布置的墙板与编藤元素装饰，这一切的存在都在极力营造出一种最为中式的奢华住宿体验。

值得一提的是，竹子是此次青城山六善表达中国传统文化的重要表现手段，漫步其中，随处可见竹林。而房间里亦使用了很多有趣的竹制品，如锁扣、插板、信笺筒等，甚至连风扇也是竹制品，这些不起眼的小物件散发出属于它本身的自然味道，也带出许多小温柔。比如，客房内的勿扰提示牌就很有小信息，闭眼的人物图案标识"请勿打扰"，而带笑脸的睁眼图案则意味着"清理房间"。月亮吧和水疗中心也是设计师创意运用竹子这种本地元素的集中体现，室内顶棚采用纯竹节编制，这些竹子都是工人一根一根镶嵌上去的。

主题

1-4 SPA

| 1 | | 4 | 5 |
| 2 | 3 | | 6 |

1.2 泳池
3 总套
4-6 客房

主题

隐居洱海酒店
ERHAI LAKE RECLUSIVE LIFE

| 摄　　影 | 陈乙 |
| 资料提供 | 内建筑 |

地　　点	云南省大理下关
设　　计	内建筑设计事务所
面　　积	3 500m²
竣工时间	2015年2月

1 酒店入口
2 休息区
3 平面图

　　说到大理，实在是个适合隐居的地方，既有风花雪月的文艺范儿，也不缺山青水美的自然风，虽然商业气息已侵袭而来，但有心寻觅，依然可以在洱海沿岸找到依山傍水理想中的栖所，哪怕只做短暂停留。

　　小隐于野，大隐于市，设计师对隐居酒店的理解，其并非是提供地理上的隐居，更多是把心隐逸于世的生活态度，它不是藏了之后就不再出来，而是在繁华之中的一份自得的宁静。设计中，设计师以其特有的敏感来善用空间，并从过往历史、周边环境中汲取灵感，经过独特的设计思维作出诠译，力求每个细节都能恰如其分，尽力营造让人回归内心的和谐与恬静，演化出心安即归处的返璞之作。

　　座落于洱海一隅的隐居酒店背山面水，由几幢错落的现代风格山地别墅组成，设计力图建立建筑与自然的亲密关系，形成与周边环境的和谐对话。钢筋轧垒原石与锈蚀钢板，相望而立，两面不高的墙体以开放的姿态界定出酒店入口，自然与工业的碰撞，似乎在时光的洗涤中沉淀下来，渐渐成为一种共生。墙体后的庭院连接着各建筑并引导访客路线。庭院内并未创造吸引目光的张扬景观，仍以钢筋轧垒起原石的矮墙穿插其间，使空间并不显单调，且顺势规划出各建筑入口，最大程度地以低姿态与周边环境建立交流互动。庭院尽处设火塘，似传统南诏家庭中的火塘一般，守护安康。

　　锈蚀钢板折就一条廊道，格栅间以植物将接待大堂掩映于后，也将空间由室外慢慢过渡进入室内。大堂仅设接待及等候功能，采用藤编、地板等自然材料，并保留材质本色，营造自然亲切之感。大堂之后，露台一侧是早餐厅，为将临湖景观最大限度地引入室内，采用三面全玻璃设计，室内设计简约，以旧木板饰面，并选线条简单的旧木色家具，弱化了室内空间特性，让其转化为自然的背景，突显出在地关系，置身其间更易让人感受到隐于自然的闲静与悠然。

　　一道红桥连接了两个相望的露台，建立起建筑间的沟通，也为整个酒店空间增添了一抹亮色。

　　桥下以露天泳池与不远处的洱海交相呼应，仿佛将自然之水引了进来。池边有露台可供小憩，宜动宜静，自有一份平和自在。

　　临水、霏烟、漾别、绿润、雨铜、松明、悬雪、溯溪……这些客房的名字都出自徐霞客笔下的《滇游日记》，关于大理的种种，点滴间有了意象。客房布局皆注重景观与室内的交融，或阳台、露台或设庭院，并以大面积落地玻璃窗将四时景致延入室内，提供人与风景独处的机会。室内则以用材与影像表达对在地与自然的理解。木材、竹等天然材料的运用，让空间更显淳朴生态，原石与玻璃的结合运用，使空间有松有驰，翕张自如。具传统白族建筑特色的门楼，飞檐串角，粉墙彩壁，或实体，或影像，虚实相间，丰富了空间的层次感，赋予空间更具民族特色的文脉语境。自然流入摄影师镜头中的村落古道、山野田间的风景影像作品散落在隐居洱海的空间中，成为视觉线索的提供者和引导者，展开思想与自然的另一种对话。

　　逃离忙碌的生活，去那片湖与山的临界点，望着洱海迷失时间，在如此的暂隐之地，或许地点与客人之间已经有了更多的情感联系，成为另一处让心回归家一般宁静的所在。

主题

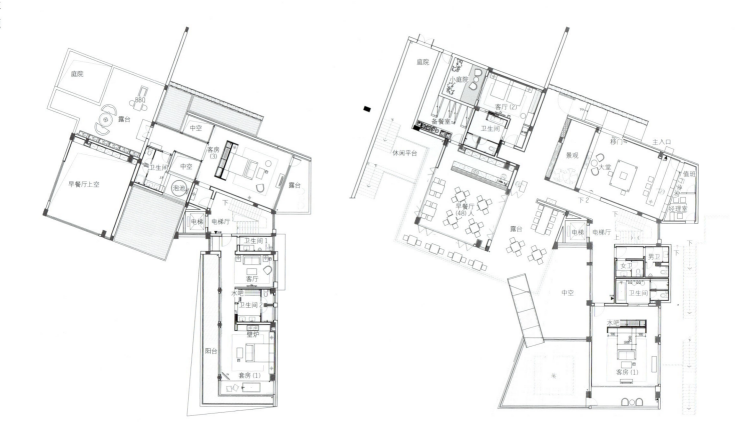

1　各层平面
2　游泳池
3　餐厅
4.5　步道连廊

主题

1.2 涉取云南古建的元素的客厅

3 步道细节

4 外景

主题

猪栏三吧
PIG'S INN NO.3

撰　文	徐明怡
摄　影	Hanshen Sun
资料提供	猪栏酒吧
地　点	安徽省黟县碧山村
设　计	寒玉、郑晓光
竣工时间	2015年

1	2	3
	4	5

1 河边茅庐
2-5 三吧外观

　　碧山村背山依水，坐落于黟县盆地，村前水田错落有致，近前一处白塔垂立。赶上春夏之交农忙时，碧山的每一天都是一幅农耕图。但碧山早已不是李白诗中"问余何意栖碧山，笑而不答心自闲"时的碧山了，当下的碧山无法绕开的是"碧山共同体计划"，这是一个关于知识分子返乡，在农村展开共同生活，以各种方式为农村政治、经济和文化奉献才智，重新赋予农村活力，再造农业故乡的构思与实践。如今的碧山，可以一边触摸延续了千百年的传统农耕生活，一边见证一场春风化雨的变革。

　　诗人寒玉与郑小光夫妇亦是这场运动中的代表人物之一，由他们一手创建的"猪栏酒吧"是个充满理想主义色彩的所在，已发展为徽州民宿的代表，也是近两年来徽州隐居的人争相仿效之地。一店是由西递古村中不起眼的猪栏改建而成，二店是碧山村中一座破败的徽州民居，而三店则是废弃已久的老油厂。从一吧到三吧，都是这对夫妇的跨界之作，他们以设计写诗，令"猪栏"赋予了主人家的气韵，充满自然主义的精神。

　　前往猪栏三吧的路上，远山被一团一团的雾气笼罩，行人稀少，天地寂静。三吧位于一片水稻田中央，如果不是司机带路，你很容易错过。"我们来乡下生活，要有一颗敬畏自然的心，不要做一个自然的侵略者，所以我们家门口没有招牌。"寒玉说："在乡下，你要看到的是大树而不是房子。我也不做招牌，因为在乡下你远远看到的来迎接你的是

1-4 阳光从瓦片中漏下来

狗,是小路,是站在农田里的农人,而不是一个大大的招牌;我也不敢做霓虹灯,因为乡下的夜晚,最要看到的是星光还有月光。"

三吧是由一个老油厂改建而来,夫妇俩花了整整两年时间,用自己的眼光重新解读了这座老建筑。他们的改造是在对传统的充分理解后的尊重与融合完成的,坚持使用本地素材是一贯的原则。他们在设计房子的时候,就希望三吧"不要像宾馆,而是像个破落的村子"。确实,从大门起,一重庭院隔着一进房舍,每一次的空间转换都有惊喜,客人不经意间从这个屋子到那个屋子,就像在传统的乡村里串门的感觉。

原先榨油的核心区域面积最大。老板在这块区域里的玩法最多,既有占地不小的售书区,也有码得整整齐齐的用餐区。几十年历史的榨油机四平八稳地在大厅中心坐镇,随处散落着几簇可以围坐聊天的桌椅。这些区域各自独立却又相互联系,没有泾渭分明地区分开,所有来客都可在这大片空间里自得其乐。疏离而亲密的距离最能令人感到自在舒适。

夫妇俩并不是建筑师出身,他们修起房子的原则与常规建筑专业领域的方式不同。就拿建筑的外墙来说,所有的外墙都是用山上的黄泥和石灰在一起配比的,没有用任何的涂料。这个配比并不是一蹴而就的,目前的墙面仍遗留下试验的痕迹,主人们在新做房子时,缺一块就补一块上去,颜色不一样也就罢了。这里不像许多徽派民宿那样,放置了许多类似于太师椅这样的家具,而是放了一系列七八十块一把的躺椅,或者是村民不要的旧沙发重新覆以粗布设计的沙发套,让许多人误以为是最新潮流和式样。寒玉认为,"这样更朴素,更有地域特色。"酒店里的装饰非常多,但这些基本上都是旧物,这些坛坛罐罐、老式收音机与台灯大多来自于旧货市场,但这些旧物却在这里重新焕发出新的生命。客房里用的都是20世纪七八十年代的搪瓷缸子,而加以重新设计利用的旧货也遍布整个空间,罐子里插的枯枝都是信手拈来,春天的时候就插花,秋天的时候插芦苇。

河边的茅庐更像是个世外桃源,这里可以用来喝茶。小河从茅庐边流过,屋子里用的是老牛栏拆下来的构件,农民将在山上砍的茅草直接盖在上面。主人家用宣纸随便扎起来包裹在一个灯头外,就变成非常漂亮的"云灯"。

在这边泡个茶,偷个闲。也许,当生活回归简单的本意,人的真性情便显露出来。这恰恰是最宝贵的东西。END

主题

1　榨油区改建而成的复合空间
2.3　乡土气息浓郁的细节
4　阳光会从屋顶漏下来

1	2	3
	4	

1　窗外景色
2.3　客房
4　客房一隅

成都博舍酒店
THE TEMPLE HOUSE CHENGDU

撰　　文	Vivian Xu
资料提供	博舍

地　　点	成都市锦江区笔帖式街81号
建筑设计	Make建筑事务所
室内设计	Make建筑事务所、AvrokO事务所
竣工时间	2015年7月

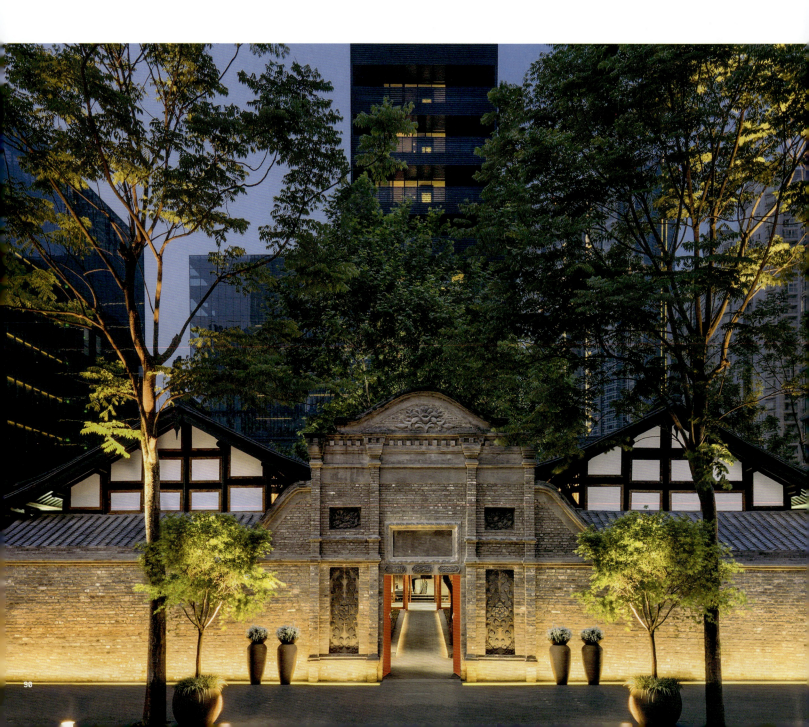

1.2 由清代老宅改建的复合空间，兼具入口、前台、展示与会议等多种功能

近年来，高端酒店早已成为中国室内设计的主力方向，各种类型的酒店亦纷至沓来。"正常"的酒店和"过潮"的酒店都是目前的"大多数"，而太古酒店的 House 系列则每回都是在"正常"和"玩潮"之间来回翻转，并引起一阵骚动。

House 系列是太古集团所有酒店系列中调性最鲜明的，该系列的每家酒店都遵循 X+House 的命名原则，以东西厢房为创作灵感的北京分号名为 Opposite House（瑜舍）、在香港 JW 万豪之上的香港分号得名 Upper House（奕居），依庙而建的成都店则起了 Temple House（博舍），这种简约、达意又接地气的命名法与太古酒店的调性相当契合。

新近开张的博舍依然沿袭 House 的选址原则，位于城中最为热门的商业综合体——成都太古里内。House 系列的前戏总有着异曲同工之处，尽管你明知前方有着天马行空的设计，但内心依然被酒店大门安抚得平静如水。瑜舍的设置是踏上咯咯作响的古老地板，而奕居则被引向"通入云端"的电动扶梯，此次博舍则选择了一个清代的庭院式建筑作为入口和前台，让人们从古院落中穿越时空。这栋清代庭院为笔帖式街老宅院，"笔帖式"是满语的音译汉写，本意为"写字人"，汉语译为"书记人"，其办公的地方叫笔帖式署，所在街道叫笔帖式街，这是成都唯一一条以满语译音为街名的街道。经博舍翻新过的宅院既保留了老宅院原有的朴素静谧之风貌，但又焕然一新。如今除了作为前台接待外，也是画廊与会议的场所。

每间 House 都淡化了传统意义上的前台，Check in 的手续都是由颜值很高的服务员领着进客房内完成的。客房所在的主楼是全新的建筑，外墙的砖构表皮与历史建筑有着呼应，也与周边的太古里商业广场建筑群有着照应的关系。最值得一提的是用彩釉玻璃打造的玻璃幕墙，玻璃上的竹木纹理形成变幻莫测的光影效果，现代的建筑风格与中国传统精髓互相辉映，设计师又一次低调地向历史致敬。两座 L 型新楼用四合院的模式围起一处前卫的山丘庭院，以此暗喻四川常见的梯田地形，与古庭院形成强烈对比。酒店内用各种或地上、或地下、或前卫、或古典的庭院由步道和阶梯串联，营造出奇妙的行进效果。仔细探究其中，在庭院中的山丘并不是个纯装置，而是游泳池和健身房的采光顶。

每间 House 的客房数量都不会很多，一般控制在 100 间左右，但乞丐房型的面积也力压全城，仅浴室就能超越其他酒店的客房面积。博舍的客房是太古惯用的治愈系色调。精致的灰色、米色，带有雾化效果的遮光帘让房间的气氛变得柔和而舒适，灯光也是多向光源，明暗恰到好处，人处在其中是非常放松的。深色的栅栏墙将起居室与浴室分隔，也完成了愉悦的视觉对比。所有的设计都力求简洁，能藏起来的东西绝对不会出墙，而能收纳的东西也都折成了一条平板。客房里的设计家具也不是仅用来"拗造型"的，其实很务实，比如，靠窗的两个休憩榻白天可以喝茶、谈天、观景，入夜拼组起来就完成了加床。一些特别的房型还有额外的超大露榻或者私属花园的福利。

相对比较沉静的居住和公共空间，酒店的餐饮据点则非常充满活力且个性鲜明。三间餐厅及酒吧（全天候餐厅 The Temple Café 咖啡厅、井酒吧及 Tivano 意大利餐厅）由来自纽约著名的室内设计公司 AvroKO 担纲设计。设计师将成都"天府之国"的概念引用在咖啡厅的设计上，开辟了咖啡吧、开放式厨房和展示各式各样零售商品的陈列区。设计师同时还将老式秤具、量具和黄铜砝码等富有文化内涵的装饰去重塑古代的商业情景，以说明成都在古时丝绸之路担当重要的角色。"井酒吧"的设计则以"丝"为灵感向传统致敬。顶棚上的两盏吊灯参照织丝机造型，为吧台区提供主要光源；由釉面砖横

柱延伸下来的顶灯以铸玻璃和黄铜打造，设计成仿如蚕茧的弧面造型。丝绸之路的设计概念一直延伸到户外用餐区，古代的旅行者途经丝绸之路时会围坐在火边休憩聚会，酒吧以此为灵感，开辟了一处并设置壁炉。夜幕低垂时，以钢和玻璃打造的地灯将户外的碧绿园景照亮。

酒店还有几处历史改建而来的房子。比如名为"谧寻"的茶室和水疗中心。与博舍的设计一脉相成，"谧寻"系列仍然由MAKE操刀，展现出浓郁的东方美学风格。茶室的设计以中药铺为灵感，茶室内多道墙呈现中药百子柜外观，墙面上整齐排列的抽屉刻有各种药材名称，营造出浓厚的养生氛围。水疗中心的前身是大慈寺历朝的桑院，于民国时期改建为民宅，因此水疗中心的室内装潢仍保留了川西民国建筑风格，营造出宁静清幽的氛围。

1　一层平面
2.3　茶室
4　标准层平面

主题

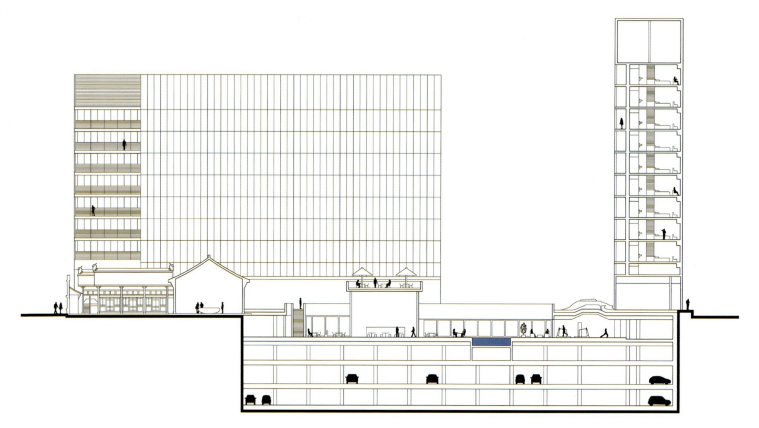

1	3
2	4 5

1　剖面图
2　外观
3　咖啡厅
4　艺廊
5　井酒吧

主
题

1 地下一层的楼梯

2-5 客房

主题

北京诺金酒店
NUO HOTEL BEIJING

撰　　文	Vivian Xu
资料提供	HBA、诺金酒店
地　　点	北京朝阳区将台路甲2号
概念设计	Hirsch Bedner Associates（HBA）
首席设计	Ian Carr
深化设计	金螳螂
业　　主	北京首都旅游集团
竣工时间	2015年

| 2 |
|1| 3 |

1.2 酒店大堂
3 酒店外景

近些年，越来越多五星级乃至超五星级酒店品牌在中国各处扎堆开新店，而中国本土品牌大多定位为经济型或者是中高端客户群。针对这一市场现状，北京首旅集团携手德国凯宾斯基酒店集团，以"走国际化路，创民族品牌，践行中国服务"为理念，经过八年时间的酝酿而推出的民族高端酒店品牌——诺金。

北京诺金酒店为诺金的旗舰物业，作为中国首个高端酒店品牌，该酒店由 Hirsch Bedner Associates（HBA）进行概念构思，金螳螂进行深化及施工。于诺金酒店而言，"根植于中华五千年历史，深刻反映每个城市的文化渊源"是其最初的诉求，而"中国首家民族品牌的高端酒店"的定位势必是与"中国元素"息息相关，如何把握中国传统与现代设计之间的度则是设计的关键点所在。

从目前呈现的北京诺金酒店来看，设计师并没有将中国传统符号进行胡乱的堆砌，而是在反映中国传统的同时，在装饰材料上引入了现代元素，使中西特色碰撞出独特的平衡感。有别于常见的皇家文化和庶民文化，北京诺金着重展现了明朝盛世的"文人文化"，以 14 至 17 世纪的明朝作为室内设计主题，将明代文人墨客及历史名家留下的诗文墨宝和智慧传奇贯穿始终。明朝是中华文化及艺术的巅峰时期，绘画、陶器、漆器和瓷器皆发展得相当兴盛，HBA 亦从中注入现代化元素以迎合 21 世纪的需求。

"北京诺金酒店以距今 500 多年的明代之设计概念为蓝本，当时中国学术与艺术发展蓬勃，衍生出一套关乎所有处世之道的学术思想，孕育出独特的中华色彩。这时期的简约设计美学既独一无二又纯净真朴，为东方文化谱写了定义。"HBA 合伙人 Ian Carr 表示，"无论是简单的图案应用、布局原则和图

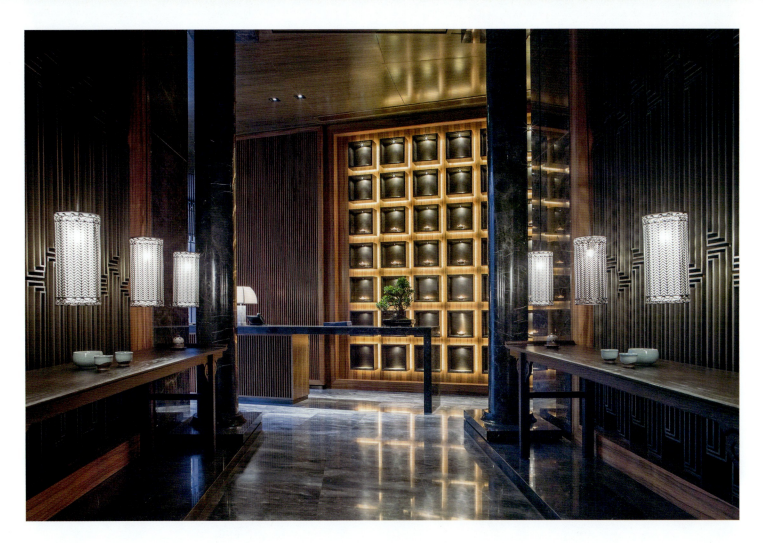

1 大堂吧
2 缘亭茶亭
3 禾家中餐厅

像,或是客人与酒店的互动方式等各个设计层面,皆体现出酒店所着重的明代主题风格。"

这个以"现代明"为设计理念的艺术酒店就仿佛一座文化博物馆,除了独具个性的"明"文化设计风格的客房、茶亭、餐厅酒吧、水疗中心,还布置了一个诺金艺术廊,出展中国当代艺术家的系列作品,将平时难得一见的艺术品融入日常生活之中。

灰色和蓝色是诺金的主色调。大堂整体采用明代的建筑风格,着重使用青花瓷元素,以淡雅的色彩和别致的室内设计展现中国风,而服务员的服装也采用了具有中国元素的旗袍。艺术顾问公司Canvas在中央放置一座由中国顶尖当代艺术家曾梵志打造的大型雕塑——《乐山》,与两旁定制的2m高明代风格手绘青花瓷花瓶互相映衬。至于礼宾部后方的多幅大型油画亦同样出自曾梵志之手。

为了强化整体设计主题,HBA把古明代哲学的概念融入中式茶廊"缘亭"之中,将户外与室内环境结合起来。在茶廊的设计中,并没有过分抢眼夸张的设计,而是在内敛与张扬之间取得了平衡,一些明净简约的细节与色调自然的精美器皿反而突显了四周环境的特色。

酒店客房也全部以明代学者文震亨的哲学思想为设计灵感,参考其"幽人眠云梦月"的理想睡房哲学,营造出低调奢华的风格,在简朴的环境中维持舒适感。客房格局犹如明朝学者的居所一般,缀以明代青蓝色调及定制家具,丝制图案背景墙与实木及大理石地板搭配相得益彰,以现代手法华丽呈现了明式住宅特色。客房内还有曾梵志绘制的印版画作《踏雪寻梅》《山》和《枯树》等,让宾客在享受现代化舒适场所的同时,融入到宁静致远的意境中。值得一提的是,诺金的客房茶品亦是目前国内酒店中最为专业的,其所提供的茗品均采自云南、安溪和武夷山地区的"诺金茶园"。

主题

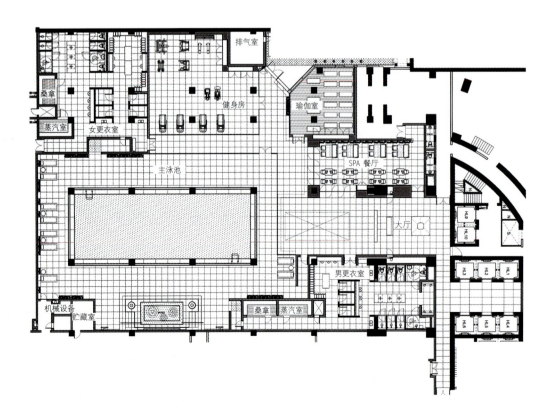

```
1 | 3 4
2 | 5
```

1　地下一层公共空间
2　地下室平面
3　水疗中心
4　泳池
5　诺金水疗入口

主题

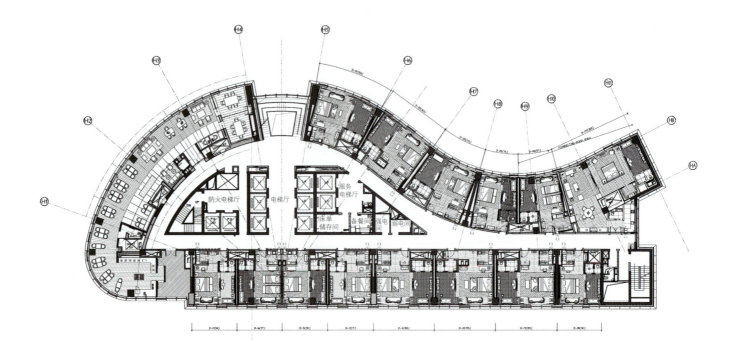

1	3	
2	4	5

1 21层行政层平面
2 二层宴会厅前厅
3-5 客房

ABC Space 家具空间
ABC SPACE

撰 文	festa
摄 影	刘宇杰
资料提供	BOB Chen Design Office
地 点	浙江省杭州市滨江区诚业路415号长健大厦主楼一层
设 计	陈飞波
面 积	500m²
竣工时间	2015年10月

| 1 | 3 | 4 |
| 2 | 5 |

1.3 家具展厅
2.4.5 体验家具的咖啡厅

ABC Space 家具空间的所在地是一栋位于杭州滨江的普通写字楼。在规划方案之初，设计师面对现有的场地，首先考虑的是如何打破传统格局给人的固定思维，"如果参观者要进入大堂后再进入空间，那就显得太过平庸"。经过了与写字楼业主多次协商，设计师得以在建筑的外立面幕墙上开出一个进入家具空间的独立入口，入口周围的空间，也由设计师改造成一个与室内空间风格一致的独立小院。令这间身处商务氛围的独立设计集合店跳出周遭环境的限制，引起路人的关注。

整个空间分为两个区域，一部分是家居集合店，另一部分是则是咖啡馆与设计体验空间。因为两个区域的经营方式与营业时间不一致，设计师在规划方案时针对在同一空间的两个不同区域进行视觉、功能以及色调上的区分。

家居集合店所在的空间拥有 6m 的挑高，所以被划分成两个楼层，用斜坡式的楼梯营造出如同在室外逛街的感觉。同时，这个斜坡的墙面被设计成家居品的陈列面。室内的设计材料也选取如同营造室外步行街的氛围一直，采用水磨石铺成地面，并且用红色陶砖镶嵌在水磨石中。镶嵌的图案由设计师设计，呈现他平面设计领域的创意。咖啡馆区域的设计，采用了设计师自己设计的家具品牌作为主打家具。另外，在咖啡馆的中间区域，搭建了个水泥小屋，营造出大空间中的私密氛围，同时更好地体验家居设计品在各种空间中的呈现。两个区域都采用水泥墙作为墙面处理方式，设计师希望以此来保留在天然与原始的氛围内，制造出经典与耐看的设计基调，以此来呈现家居设计的整体性。

主题

1	4
2	
3	

1　斜坡式的楼梯
2　水泥墙的折角造型
3.4　家具陈列

主题

画屏：琚宾之家
PAINTED SCREEN

撰　　文	琚宾
摄　　影	井旭峰
手卷绘画	陈红卫

地　　点	北京居然顶层
主笔设计	琚宾
参与设计	张静
设计时间	2015年

银杏陪窗，荷梗夜照。佳期再现朱颜好。
初雪天气欲寒时，居然屏掩新模样。
牡丹浓妆，山光荡漾。缘云轻和书茶香。
华灯韵谱旧友知，顶层伴月同偎傍。
——《踏莎行·居然顶层琚宾之家》

银杏陪窗，荷梗夜照。佳期再现朱颜好。
初雪天气欲寒时，居然屏掩新模样。

屏屏重屏屏。残荷本来应该是有点孤寂的，但此刻并没有，黄叶本该也有点萧瑟的，但此地也没有。画屏上的银杏叶对于我来讲，代表的并不仅仅是其优美的形状或者是灿烂的秋天意象，更有别的故事和情愫在里面，暗含一生之约。层次丰富，黄的暖心，

餐厅本来也该是如此的色调，这是属于家的氛围。荷叶荷梗则围在另一边的客厅，在幽蓝月色下行着，枯寂、宁静、沉静，呼应着色彩，仿佛就在那模糊想象、在那说爱好表志向、在那提君子之交……

这便是画屏，居然顶层设计之2.0延伸版本，既参与了单独场景的建构，也参与了整个故事情境手卷的构造。同时，它也是公共空间和私密空间的分界线，但又不仅仅是遮挡，还是一种引导，使情节推进，使视线深入。

牡丹浓妆，山光荡漾。缘云轻和书茶香。
华灯韵谱旧友知，顶层伴月同偎傍。

茶台依着城市山林意象，显得更出尘

些；国色牡丹，因在卧室则更显得柔媚些。屏风屏风，屏却风，也能遮住眼，隔出个虚实互补的同时，还增加了情趣，丰富了视觉。中国人一向更喜欢曲径后的通幽处，喜欢渐入佳境后的热络时，平铺直叙的实景描绘总是显得不那么有趣。屏风对于空间的分割没有强制性，于是茶室可以隐约依着芙蓉帐，拥被依枕时也闻得普洱香。

从1.0到2.0版本，屏风这一器物是贯穿始终的载体，同时也划分着不同空间的性质。不同屏风是不同空间的组成部分，在各自的区域色彩鲜明着，体现着红黄蓝西方绘画的关系——从前厅、客厅、餐厅，进而到卧室，书香茶香穿插于其间，由长书柜这一实体呼应着那处处朦胧，就像是渐渐打开的手卷，空间艺术与时间艺术同时并行、立体呈现。

这是设计师在最少条件限制，相同面积配比的居然顶层，践行和思考自己对空间设计的理解。居然顶层的参观方式本来就是各个设计师预先设定好的生活模式。设计行为本身也是其对自己的生活方式、文化认知和艺术修养的全面诠释，展现的状态多少都能看出当下室内设计领域里的多元与共生。

曾经看过菲利普·斯达克的第一版方案，现场实施后的成果是再次调整修改过了的。或许是出于对自己的更高要求，又或者是动态把握中国的一种表现。在朱利奥带来的意大利空间中能找到他血统里的洒脱。同梁志天、梁建国、戴昆各位先生多少都有交流各自方案的所思所想，每个空间的表情都是自己的眼，空间种种的展现无一不是各自眼光的延伸。居然汪总每次的晒面，多次的发言，都提到了高度、格局、设计师的引领，

1	3	4
2	5	

1　全景
2　平面图
3　由餐厅透视
4　由茶室透视
5　餐厅与卧室一角

全民优质生活的提升，中国设计的崛起等等。在时代巨轮的面前，做最好自己的同时，其实也在布道着美。

我从中国传统绘画中找寻到灵感，《韩熙载夜宴图》所表达的场景的关系，其贯穿始终的屏，界定了空间、叙述了时间，屏上绘画的内容承载了个人对文化的眷恋，透视出感情喜好的所在。

空间中看不见的气韵是设计追问的本质所在，"气"所呈现的美以及"韵"所表达的质，需要物理化建构的结果去依附。建构的核心是理念，是材料，还有对造型、灯光，包括对自然的理解，对人的活动的呵护，及对文化的回望。

墙体素极，水泥与涂料足矣；屏风艳极，与墙体对比更显华丽。客厅的蓝屏，是傍晚时的残荷；餐厅的黄屏，则是北京深秋的银杏叶；卧室的红屏，是我家乡河南的牡丹；书柜的素白屏，负责联结了客餐厅、遮掩了卧室，朦胧了窗外的光。绢质的大幅素绘上，山水意象的绘画与论茶叙道的条案有机结合在质朴的装置灯下。易于陈列，方便围合，一挡一掩，空间由此私密了起来。

陈列选用了满含艺术气质的稀奇品牌，正如兄长瞿广慈先生讲的一样："稀奇是条狗"，其放置在空间的同时也融入了空间本身，生出感情，产生温度，突显场景。木美、Chi Wing Lo 这两个品牌家具与整体空间诉求一致，人、物和谐，这大概也像其品牌创始人陈大瑞先生，卢志荣先生和我的关系。还有个性张扬的玻璃及纯木头的家具，这些都一起凸显着空间的张力。整体空间具有唯一性和独特性，不能也用不着去归类于哪个派系或语境。这是我最新的设计思考，是一个新生儿，具有唯一的笑容与表情，这就是我想要的。 END

1.2.5 卧室
3.4 手卷绘画

Punch！酒吧
PUNCH ！ BAR

编译	Iesta
摄影	Dirk Weiblen
资料提供	Neri&Hu
设计	Neri&Hu
地点	上海市静安区泰兴路99号2楼
面积	155㎡
设计时间	2013年9月～2014年9月
竣工时间	2014年9月

1 如同石库门公共空间的设计风格
2 入口
3 平面图

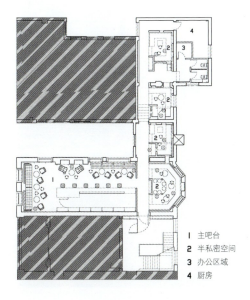

1 主吧台
2 半私密空间
3 办公区域
4 厨房

Punch 酒吧是 Neri&Hu 在上海设计的第一家酒吧。"Punch"这个名字源于梵语中"五"的意思，因为这款 Punch 酒中包含了五种成分：酒、糖、柠檬、水、茶或是香料。最初由英国东印度公司从印度带入欧洲，成为 17、18 世纪水手们喜爱的一种口味。随着异域风味变成上流社会追逐的时尚，它又成为精英聚会最受欢迎的一种酒。Neri&Hu 为 Punch 酒吧的设计，其空间灵感正式源自于这款酒的传播与其背后的文化消费。正如 Punch 酒的消费者既有来自社会的工人，也有精英人士，设计师以再生木材、深绿色的玻璃以及被熏黑的青铜管作为主要的设计元素，不同材料间的复古拼贴则呈现出设计方案中将空间预设成为城市中街后窄巷的视觉效果。如同某部发生在上海弄堂间的戏剧，所有矛盾与冲突的起点则在这个小巷一般的入口开始上演。

酒吧的内部空间并不大，155m² 的空间被分割成两个不同功能的区域，左侧是一个相对开放的公共空间，以复古为基调进行设计；右侧则以砖和木为主材料的墙分割成半私密的空间，内部格局的设计来源于上海石库门式的建筑。室内的墙纸图案同样出自 Neri&Hu 的设计，以此来呈现如同居家一般的气氛。而走廊尽头的洗手间，则直接模拟了上海石库门弄堂里的混凝土水池，来体现即便是在上海街头也日益消失的旧街区的活力。2014 年末，这个项目赢得了纽约室内设计 2014 年最佳就酒吧设计奖。

1	4
2	
3	

1-3　半私密的包间
 4　公共区

LINEHOUSE 小店意趣多
FUN AND VITALITY OF LINEHOUSE

两个城市，三家小店。海鲜厨房、轻食店、热狗店，耳闻只觉主题天南地北，似是并无关联。但再细看这些店内，线条干净的木家具、图案明朗的白瓷砖，还有样式简练的灯饰，就像是一条隐约的线索，将这三者串连了起来。

由 Linehouse 设计的这三家小店虽有着不同的主题，但小小的店面内却都透出一股别样的清新简约之风。然而这不仅仅是简单的复刻复古风，在设计师的一番妙心巧思之下，通过对细节处的着重刻画，三家小店自然地生出了各自不同的气韵。就像 Little Catch 海鲜厨房的透明敞亮，DELICATESSEN 轻食店的低调质朴，以及 Lone Range 热狗店的明快轻松，契合了不同小店的功能与主题之余，也让人们感受到简洁风中所暗含的丰富多变的表达方式。

Delicatessen 轻食店
DELICATESSEN

撰　　文	冬至
摄　　影	Benoit Florencon
资料提供	Linehouse
地　　点	深圳
面　　积	35m²（室内）；110m²（室外）
设　　计	Linehouse
竣工时间	2014年

Delicatessen 轻食店位于深圳福田香格里拉大酒店的大堂和户外花园之间，这家店铺从内部和外部都作为一个复杂的外壳，依偎在现有建筑的大厅和室外花园之间。设计师利用35m²的不大的空间，打造出一个促进社交活动的场所。

设计师将挑高的两层空间打通，令更多的光线进入室内。外部看似简单，通过白油漆和穿孔窗口的设计，隐约看见有格状结构，其复杂性要进入后才能感受到。进入到店内，纵横交错的金色铜杆构建起了6m高的框架，沿着四面墙壁吊起，不仅增加了空间的深度，也提供了如摆放炊具器皿、悬挂黑板餐牌以及陈列商品等功能。格子线在店铺内的四面墙上，遮挡了部分自然光线和视野，形成双层的屏幕，它也是显示保持黑板标牌和炊具的数组设备和商品。

在窄小的内部是一个咖啡柜台，展示出已烘焙的食品、新鲜果汁、熟食店的商品和一张六座的桌子。外面，凸起的柚木甲板在大型中央台和宴会台提供座位。树木和草丛沿周边种植，为客人提供私密的独立空间。

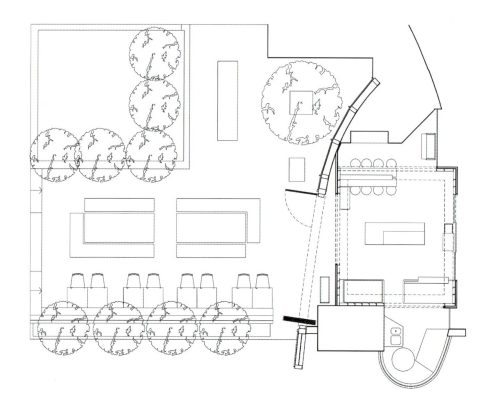

1　轻食店平面
2-4　轻食店内部细节
5　海鲜厨房外观

海鲜厨房
LITTLE CATCH

撰 文	冬至
摄 影	Drew Bates
资料提供	Linehouse
地 点	上海乌鲁木齐路
设 计	Linehouse
图形设计	Evelyn Chiu
面 积	18m²
竣工时间	2015年1月

2014年秋天，Linehouse接手了Little Catch的设计工作，准确来说，就是将一处沿街的18m²小空间改造为一间海鲜店。对设计师而言，位于原法租界的乌鲁木齐中路是条很受上海本地人以及外国人喜爱的热闹小马路，这是条散布着各式美食小吃以及参观者的文艺之路。

在改造之前，设计师将空间中原有的玻璃彻底移除，令整个空间看起来内外通透，有了一个看上去更加整体的立面。设计师创造了一个三维化建筑的无缝网面，将玻璃外窗与店内的海鲜展示柜台、小桌子以及收银台连接起来。在海鲜店的外部，甚至将网延伸到街面上，希望吸引顾客到店里来。

这个巨大的网状结构成了Little Catch的亮点，而设计师的灵感正好也源自于店主给这个小店取的名字"Little Catch"，"我们意识到捕鱼的动作很有意义也很重要。"金属质感的网状结构也满足了设计师需要传达出的品质感、透明感以及美感。

在整个设计中，值得一提的还有菜单的设计。与我们通常的黑板墙之类的墙面菜单不同，Little Catch的菜单被设计师融入了墙面之中，白色的瓷砖墙面一方面营造出了明亮的空间感，而在加入了一条条整齐排列的金属铝条后，它又成了天然的菜单背景板，使每个单词都可以灵活排列。各类海鲜被分门别类地摆放在架子上，菜单介绍也可以依

此做出不同调整。

在这样一个没有浓浓鱼腥味的海鲜店里，顾客不仅可以买到海鲜，还可以在店门外的一排简易桌椅坐下，享用现点现做的料理。

1.3.5 海鲜厨房内部细节
2 海鲜厨房门面实景
4 海鲜厨房门面示意

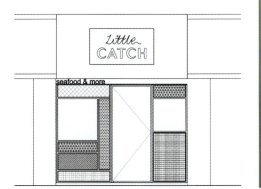

主题	# 独行侠热狗店
	LONE RANGER HOT DOG SHOP

撰　　文	小树梨
摄　　影	Benoit Florencon
资料提供	Linehouse
地　　点	上海市黄浦区外马路
设　　计	Linehouse
面　　积	19m²
竣工时间	2014年

1.2 热狗店门面实景
3.4 热狗店门面示意

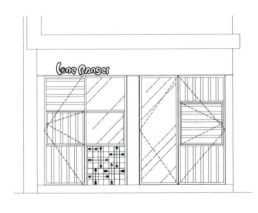

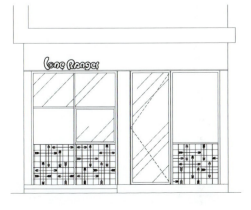

位于外滩板块与老码头创意园区，与陆家嘴摩天楼群一水而隔，Lone Range 独行侠热狗店就藏于这样一个地段极佳、位置却又有些隐蔽的底层临江铺位内。沿着江边小道信步走来，若看到一处小小门面——简简单单的四开木门，刷着白色油漆，镶在原色木门框里，这便是独行侠热狗小店了。小店的外立面下部还铺嵌着几块线条简明、深蓝箭矢图案的白瓷砖，给简洁的门面平添几丝变幻活泼之感。

值得一提的是，门上做了活动装置，轻推开大门的中间一格，便可见一个简易的外卖窗口。这一细节，细细想来，倒很是切合店名"独行侠"，哪怕往来顾客皆如独行侠客一般，不愿轻易驻足，这一小巧的热狗外卖点既能使其一饱口腹之欲，却也不会误其赶路之心，只需等上片刻，"侠客"们即可美食在手，一路美景始于足下，岂不快哉！

而对于想悠闲赏景的客人们，进入小店休憩片刻，也是个不错的选择。小店内部的色调仍以白色为主，点缀着些许蓝色。与大门相呼应，内墙面及地面铺装着同款深蓝箭矢图案的瓷砖，而窗框及餐桌也都刷成相同的蓝色，达成了色调上的一致性。抬头则可见浅黄色的顶棚，更使小店的氛围变得轻松俏皮起来。整齐排列的灯饰自顶棚而下悬于店内，这灯本身的设计十分简洁利落，而一条绷紧的盘绕于两列灯饰间的粗制麻绳，构成一个织网结构，却让这简单的小店灯饰生出一种别样的、极富张力的美。玻璃罩内，灯管晕出暖黄色的光，一番变幻之后，小店的美又重归于温馨和暖。

为节省空间，店内并未设置座椅，客人们或立于桌前，或倚在窗边，一边大快朵颐，一边欣赏江景，大抵应是别有一番趣味。而在另一边，则是开放式的厨房，这一设计不仅使得店内有限的空间在视觉上变得开阔明朗起来，也给了店主与顾客之间更多交流畅谈的机会。江湖如此之大，相逢即是有缘，"独行侠"主人与"独行侠"游客偶遇于江水之畔，这一家店、这一些人、这一场邂逅，本就在诠释着"缘分"的奇妙。

主题

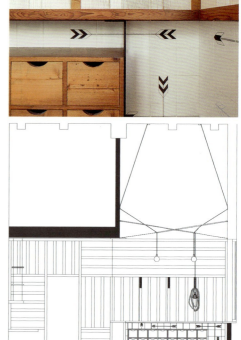

1	2	
	3	6
4	5	

1、2、4、5　热狗店内部细节
3　　　　店内部剖面示意
6　　　　餐台设计及江景

人物

王宇虹：
执着于完成度的 gad

王宇虹：
著名商业建筑设计师，gad（杰地绿城设计）创始合伙人、总建筑师。1988年毕业于浙江大学建筑系，国家一级建筑师，曾就职于浙江大学建筑设计院。1997年与合伙人创立浙江绿城建筑设计有限公司（gad）。

| 撰文、采访 | 刘匪思 |
| 资料提供 | gad |

ID =《室内设计师》
王 = 王宇虹

1.2 外婆家浦江马岭度假村

gad 的缘起

ID 考浙大建筑系是出于自己的兴趣吗?

王 高考之前,我对建筑系要学什么并不了解。从小学到高中一直是宣传委员,喜欢出墙报(黑板报)和画画,有个学建筑的邻居大哥就建议我考这个专业,学建筑可以画画,而且又能经常去全国各地看风景好、建筑又有特色的地方,听上去不错,就投了,挺偶然的。

ID 1992 年左右,人们普遍认为设计院的工作是份颇有保障且前途光明的职业,您怎么会决定辞职,与合伙人创建 gad?辞职的时候心里有底吗?

王 浙大设计院当年尽管没有今天的影响力,但也算是一家很不错的单位。而且,还能享受大学的寒暑假,福利也不错。那时房地产也还没热起来,放弃这么好的单位,与一家当年即便在杭州房地产行业内从规模上看都不算入流的房产公司合作,很多人都觉得不可思议。早年在计划经济体制下住宅的投入是很低的,很多设计院对住宅的设计也不重视。像绿城房产这样的企业尽管刚起步,但起点很高,对品质的要求也很高。他们需要一家能长期合作、能对自己的开发产品有强大支持的设计公司。而我们又有做点事儿的冲动,相信自己的能力,同时信任宋卫平这个人,他对房地产品质的狂热追求都算得上是偏执,这样就有了共同做事的基础。要知道好甲方难找。

那时候,我与合伙人的想法是做一家规模并不大的公司,能够把设计做得更细致,而且在这样的平台上,我们可以更愉快地工作。毕竟在国营体制下设计单位有很多问题不能解决,我们那时候希望是在一个灵活的体制下,让设计公司更有活力。

ID 建筑学专业出身的建筑师大多会有一份追求理想建筑的情怀,您曾在一次采访中提过,绿城的设计风格要求经典,而非先锋和前卫。这是否与主要承接的是房地产项目有关?

王 所有的建筑师都希望做一些创意设计。在 gad 的早期,我们也的确试过把有创意的设计方案拿给业主,但实施起来的确有难度。早年公司以绿城房产的项目为主,而绿城对自己要开发什么样的房子以及市场

会接受什么样的产品有着明确的认识，那就是要"经典"，要经得起时间考验，不超出大众认知，比如前卫的、实验性的风格。随着公司的规模变大，我们的心态也逐渐调整，建筑设计行业是由各类不同的建筑师在做不同类型的项目。对一个城市而言，人们对城市的第一感知，并非来自地标性的建筑，而是城市的背景建筑物，这是构成城市总体印象的所在。一个人一辈子要做很多事情，我们那时候的想法就是，要放平心态，做好自己当下做的领域。这也是为什么gad后来如此强调完成度的缘起，也可以说是作为职业建筑师的责任感。既然没有机会做标新立异的事情，那就踏踏实实地把些平凡的设计做到位。

品质与市场的博弈

ID 可以说gad见证了中国房地产发展从起步到快速发展的黄金时期，身为参与其中的设计师与设计公司的创立者，您的体会是什么？

王 房地产十几年的高速发展为我们设计行业提供了难得的发展机会。大大小小的公司的出现如雨后春笋。gad自创立至今的18年里，从七八个人发展到目前近800人、五家分公司的规模，我觉得确立做一家什么样的公司和选择什么样的合伙人是关键。大家需要对追求建筑品质有一定的共识，才能让一家设计公司拥有足够的生命力。如果对做公司的认识不同，时间一长就会出现问题。与我们差不多时间出现的公司，很多就是因为这样种种的矛盾没能做起来。

我们是高速经济建设发展的受益者。职业责任和良心要我们去思考这些年我们做了什么，我们做得够好吗？行行业业都充斥了大量粗制滥造的东西。但匠人的传统就是能干精细活儿。所以公司一直坚持用匠人之心做事的准则不会改变，坚持品质是我们的立身之本，事实上我们也同样是这么做的受益者。

1　海南蓝湾小镇威斯汀度假酒店
2　某机构专业技术办公楼
3　海南蓝湾小镇度假公寓
4.5　苏州桃花源

ID gad强调追求设计的品质，在gad的住宅项目中，哪些给您留下比较深的印象？

王 每个项目我们都花了很多心血，但有几个很有代表性。第一个是早期的九溪玫瑰园，以当年的标准这是我们第一个高端独立住宅项目的设计。我们在自然山地的环境里，保持了原有的坡地地形。为了不破坏环境，保留原有的老樟树，所有动线都绕着走。为了"躲"树，120栋房子，我们做了60个户型，这对于普通的房地产项目是少见的设计量，花费了大量的精力。一盖好，整个园区看起来就好像有了几十年的历史。对于住宅设计而言，有年代感和历史沉淀远比房子漂亮更有价值。园区内的绿植更是自然生长的，氛围非常好。那是绿城房产第一个有了全国影响力的项目，当时几乎所有国内房地产开发商都去参观过。

第二个是绿城发展史上比较有影响力的桂花和绿园系列。后来在全国不少城市，都可以看到这些设计项目的山寨作品。身为设计师，是蛮无奈的。

第三个是绿城的二代高层住宅系列。随着房地产的发展以及多年开发经验的积累，绿城迫切地需要产品提升。"二代住宅"从市场定位到规划、建筑、室内、景观、配套服务等等，从整体到细节都做了全面梳理，这个过程的价值不在于单个项目的设计，而是设计公司在产品研发、制定标准、营造控制等方面对开发过程的支持。

第四个是苏州桃花源。这块地的成本非常高，唯一的办法就是通过准确的定位和出色的设计让这个项目能够盈利。从方案定位起，我们就参与其中，可以说是gad全程参与的一个项目。最后以古典园林的方式来呈现，口碑很好。

这些住宅项目，是在那个时间段里我觉得比较有代表性的。

ID 设计这些项目的过程，对于gad的设计风格或是执行设计的能力而言，有哪些影响？

王 我们做的这些项目，很多情况下既要

1　海南蓝湾小镇澄庐海景别墅
2　温州鹿城广场锦玉园
3　上海黄浦8号
4.5　浙江音乐学院
6　阿丽拉太湖酒店

考虑建筑学的问题又要考虑商业问题。要在城市、业主的使用、投资商的回报之间取得平衡。也就是说在建筑形态、尺度、色彩之外还得考虑什么样的房子会受使用的业主喜爱，从而能加速去化，为投资方带来效益。所以在设计上不太可能随心所欲，很多时候受到大众审美和生活习惯的限制。这也就产生了前面提到的关于设计风格偏于中规中矩的结果。至于说执行设计的能力，我们就是这样一家对高完成度有追求的公司。在这个方面，公司设有管控制度，经过多年的实践已成为建筑师潜意识里会自然而然之行的步骤。比如前面说的桃花源项目，我们需要研究传统的建造方式，体会韵味，再用传统的建造方式把建筑造起来，然后这个建筑同样会让人感动。这对于我们而言也是训练。

ID　您经常去现场，是否直到现在您还在负责项目的落实？

王　高完成度的背后需要人的全程参与。公司的项目管理模式是合伙人负责制，所以尽管日常管理的事务很多，我还是要经常去现场，因为大部分业主给项目设计预留的时间是不充足的，我们需要在现场对甲方以及施工单位提出要求、控制材料、还有随时弥补施工图不足的问题。以最小的小别墅设计为例，大部分情况下，我们要出到100多张图纸。我们觉得不画到那么精细，就无法把所有的细节表达出来，也就无法把控完成度。基本上，设计涵盖了建筑、景观、室内到标识等在内与整体效果有关的东西，这些都需要我们很好地控制。这也是我们强调高完成度的体现。这不仅能给甲方带来效益，更能给业主带来好的使用体验。这是我们想要做到的。

ID　当下的形势下，不少中型和大型的设计公司都在寻求新的转型方向。gad的公司氛围，设计师们还是很忙碌的，是否并没

有受到市场的过多影响？未来如何调整？

王 项目是不少，一直挺忙。不过，影响还是有的。以前项目都是找上门来的，现在我们也要出去拓展。以前业主和开发商是逼着你快点做设计，快点出方案。现在是放慢节奏、慢慢地改，效率不如从前。但我们认为这是好事，只有慢下来，给设计师有更多的时间考虑问题、解决问题，才是提升设计品质所必须的。从公司方面来说，因为从创立之初到今天一直打上绿城的烙印，随着市场变化，我们也希望能够对外进行更多的拓展，在保证项目完成度的前提下，服务更多的业主，使设计能增加更多的可能性。

在项目类型上目标是包括文化建筑、乡建、旅游、养老建筑，这些都会是公司的重点研究方向。

未来的gad会趋于平台化。整个公司就是个大平台，其中容纳了无数个小团队。团队的最大优势就是战斗力，工作效率高。而gad对项目品质的要求和多年的技术积累，会给这些小团队予以的强大的技术支持。这是让公司变得更有战斗力的转变，是我们现在研究的课题。

对公司而言重要的是人。有了优秀的管理者和优秀的设计师就会有未来。所以如何扩大合伙人团队，如何不断培养和引进设计师是让我们具有持久生命力的关键。如果说这个公司是我们的大作品的话，这才是需要不断思考的问题。至于说很多公司都在提转型，我们觉得在该干的事还没干好前，那不是我们现在需要考虑的。今天经济出现问题，影响到了这个行业。但这个行业不会消失，自己足够优秀、足够强壮就能立足市场。所以形势不好，就练内功，冬天总会过去。END

东京花园酒店：艺术家在酒店
ARTIST ROOM IN PARK HOTEL TOKYO

撰　　文	Vivian Xu
资料提供	东京花园酒店

地　　点	日本东京
室内设计	De-Signe
艺术设计	阿部清子、石原七生、成田朱希、山田纯嗣、秋叶生白等
设计时间	2012年~至今

　　对一座老酒店来说，翻新是势在必行的事。但"翻新"只能是推倒重来吗？东京的花园酒店（Park Hotel Tokyo）就给出了别样的答案。

　　坐落于东京港区的东京花园酒店是一座有着十余年历史的老牌设计酒店，它也是日本第一家加入"设计酒店"（Design Hotels™）的酒店，这家酒店从开业以来就以从房间内就能将东京铁塔收入眼底作为卖点。从2012年12月开始，酒店发起了"艺术家在酒店"（Artist in Hotel）项目，项目邀请了多名艺术家在一定期间内入住并自由装饰客房，他们以不同的手法在客房的墙壁、顶棚上作画，每一个客房都是原创的壁画作品。这一计划凭借艺术的独特性增添了客房视觉新鲜感，并让酒店比美术馆或是博物馆更能亲近日本传统文化，进而让游客能重新感受日本人看待艺术、文化与生活的关系。

　　该计划到2018年为止，将覆盖31楼的31间客房，届时，整个楼层将变身为艺术画廊。到目前为止，一共有14间不同主题的套房已经完成创作并接受预订，住宿的费用为每晚3.5万~4.4万日元（约合人民币1822元~2290元）。

　　艺术家阿部清子创作的"龙房"颇有神话意味，整个房间犹如一张画布。窗外是包括东京铁塔在内的城市风景，而窗内则闯入了一条气势磅礴的龙。阿布清子认为，人的意志与自然法则、创意规律息息相关，同时承载威胁与利益的双面影响。于是她透过手绘一条飞龙，代表着自然与创意，而旁边一位女孩则象征纯真身影。当飞龙与女孩共处一室，就代表每个人无时无刻都在面对自然与创意的挑战与刺激，会有怎样造化端看自己心态。希望旅人住进这间房时，也能一边观看窗外东京市景，一边沉浸艺术意境之中有所悟思。

　　"禅"是日本文化中非常重要的一支，如今已遍布全世界，许多名人都受到禅宗精神的影响。书法家秋叶生白为了让旅人更了解日本禅意的观念，用书法在墙壁上书写了大大的禅、风二字，遒劲有力的笔触相映于白净简约的空间，让人感受到闹中取静的禅意，房间的角落里放着简单的垫子还可供打禅冥想，禅修一番。

　　山田纯嗣的"山水房"则是以大阪金刚寺的《日月山水图屏风》为原型，描绘出随季节变化呈现出不同面貌的自然山水。走近看，山脊上竟然栖息着许多种动物；春樱、夏日、秋红叶、冬白雪——春夏秋冬四季风光在这个小小的空间里一并领略了。

1	2	3
	4	

1　东京铁塔的景观是酒店的标志性特色之一
2-4　阿部清子的"龙房"

```
| 1 | 2 | 4 |
| 3 |   | 5 6 7 |
```

1-3 石原七生的"节日房"
4-7 成田朱希的"艺妓金鱼房"

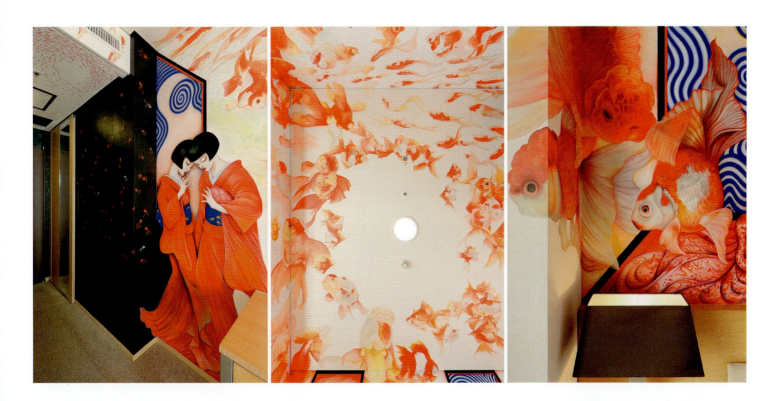

实录

実録

1–3 山田纯嗣的"山水房"
4–6 秋叶生白创作的"禅房"

萨拉城府酒店
SALA AYUTTHAYA HOTEL

撰 文	M.L. Chittawadi Chitrabongs
翻 译	小树梨
摄 影	Wison Tungthunya
资料提供	Onion

地 点	泰国大城府
建筑设计	Onion, Siriyot Chaiamnuay, Arisara Chaktranon
室内设计	Onion, Siriyot Chaiamnuay, Arisara Chaktranon
面 积	3 500m²
竣工时间	2014年8月

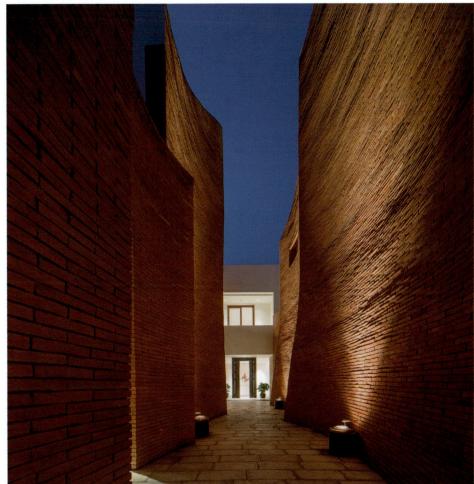

1 红墙小径及泳池
2.3 红墙小径

　　位于泰国大城府的萨拉城府酒店是一家拥有 26 间客房的精品酒店。其地理位置十分优越，沿湄南河而建，掩映于风景如画的泰古都建筑群内。在酒店餐厅或是河景套房内，都能欣赏到古迹普泰萨旺寺（Phutthai Sawan Temple）的美景。酒店主入口旁栽有一株萨拉树，与酒店名称相呼应。沉重的铁门镶嵌于厚实的红砖外墙上，虽朴实倒也自有风情。推门而入，走过接待处、艺术品展厅之后，即可见一条狭长的红墙夹道小径。两旁的红砖墙呈现出多曲面几何形态，仰视可见天空亦被这两道高墙连绵曲折的线条勾勒出别具意趣的形状。更有趣的是，随着一天里日光的变化，红墙、墙影、小径三者配合着排演出不同的剧情，如一出静默却生动的哑剧。

　　沿红墙小径而走，穿过餐厅后，映入眼帘的是酒店的河滨观景台。在此处，既能欣赏到湄南河及普泰萨旺寺全景，亦可见到酒店的另一侧立面、有着白色墙面的山墙房以及依水而建的错落梯田。酒店的观景平台是阶梯式的，故而住客们可沿着台阶而下，从单层楼高的起点渐渐走到河岸，一享亲水的乐趣。四株盛放着红色花朵的树木被植在平台旁，丰富景致之余，更是为了突出酒店室外水吧的位置。长长的河堤上，还特意种植了一排具有热带风情的树木，因其花朵肖似铃铛，被当地人称为"天使之铃"树。这树最妙的就是，它的枝桠会彼此缠绕垂悬而下，渐长渐向河面延伸，假以时日，则终可出落成一条芬芳馥郁的花海长廊。由此也可看出，在岁月的洗礼下，萨拉城府酒店之美也会愈渐完满。

　　酒店内多处台阶图饰的设计，均是向大城府古建筑元素的致礼。建筑师巧借了普泰萨旺寺的一隅，以之为原型，重新定义尺度并进行再设计，将其重构为酒店内的各种构件与细节，就譬如内墙、外墙、立面、平面、家具甚至是枕套。这样一种不断强调的、甚可说是重复的建筑元素的再现，其实也是酒店建筑师对于"当代泰国风当何如？"的思考与探索。而借由萨拉城府酒店项目，建筑师也着力从功能感及装饰感这两个维度上来回答这一问题。

　　再往细节处看，也有不少值得称道的地方。譬如酒店餐厅里的花岗岩石灯，仿若铃铛一般的形状使其具一格，不落于大流。而这种石灯都是由一个当地工厂定制而成的。再有卧室床头的木刻，刻着十分精致的猛虎扑跃的图案，彰显出在泰国传统中所信奉的力量的象征。这都表达出建筑师在细节上的用心，以及对形式之美与定制化服务的在意。

　　回到酒店本身，对于一家酒店而言，住客的私密性也应当是被着重考量的。故而，在做连廊及通道设计时，建筑师并未采用复杂的组合楼梯，而是选用单向的走廊形式，连接卧房与酒店服务设施，进而营造出私家服务的感觉，引导酒店服务人员向住客提供及时且直接的服务，同时也保障了住客之间不会相互打扰。谈及卧房，店内每一间都各有特色。最惬意休闲的一间卧房，面积虽小，但却设有一处私人的小露台以及一张可隐藏的儿童床；另一间面积稍大的卧房，虽不得见河景，却正对酒店泳池，也有其益处。而在上层的房间更有极佳的视野，或可鸟瞰别有情致的红砖长廊，或可一览泳池及花园风光。由此可推，每一位酒店住客大抵都会有自己独特的体验与感受。这或许也是建筑师一处值得推敲的巧思：这每一间房都是与众不同匠心独具，自然而然地令住客再三眷顾。

一层平面
2.5m

01　接待处
02　画廊
03　主长廊
04　泳池
05.07　长廊
06　庭院
08　河滨观景台
09　观景台
10　餐厅
11　餐具室
12　厨房
13.14　盥洗室
15-20　楼梯间
21　办公室

二层平面
2.5m

22.23　办公室
24　洗衣间
25　盥洗室
26　SPA

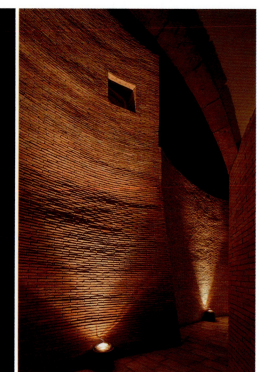

1　一层平面
2　二层平面
3-5　红墙小径细节
6　内部楼梯
7　主入口
8　卧室
9　浴室

```
1 2
3 4  5
```

1 套房
2 私人小平台
3 中心连廊
4 连廊休息处
5 泳池

实录

安德上海旗舰店
ARDA SHANGHAI FLAGSHIP STORE

摄　　影	赵勇
资料提供	Arda

地　　点	上海
设　　计	梁志天设计师有限公司
面　　积	143m²
竣工时间	2014年9月

1	2
	3

1.3 灵感来自艺术家私宅的室内陈列
2 灰色基调的外墙

该项目的设计灵感来源于一座前卫的艺术家私宅，设计师巧妙地将欧洲艺术风格融入了明亮、多彩的色调，并赋予其当代设计元素，塑造出了干练、富有个性又让人流连忘返的独特厨房展示空间。

在设计该项目的过程中，设计师面临的主要挑战就是将一个 143m² 的展示空间设计成多个具有鲜明个性的独立空间。设计师经过缜密的考虑后，决定采用充满艺术气息又高雅的空间设计方式，让人们尽情享受无与伦比的购物体验。店内的每一个角落都蕴藏着设计者——梁志天及其团队的匠心巧意和独到品味，那触之可及的浓浓"家"味又使人有身临其境之感，仿佛是来到一位欧洲优雅艺术大师的寓邸做客。

灰色基调的外墙和法式落地窗，使得 Arda 安德上海旗舰店从繁忙的街道中脱颖而出。木质的地板、条形设计的墙面，以及纯白色的接待台都散发着温馨又自然的气息，引领人们从这里开启他的购物旅程。

入口正对面的产品展示区已经成为了"艺术家"的私藏聚集地。巨幅红色油画上，优雅的女士人像栩栩如生，色彩引人注目，散发着当代艺术的活力。这幅巨型油画同时作为一个可移动门，用来展示各样 Arda 安德厨电明星产品。

紧邻的空间里，全套的 Arda 安德厨房电器镶嵌其中，空间以红色和白色为主色调，两种色彩彼此融合，相得益彰。出自英国设计师 Tom Raffield 之手、用竹条纯手工编制的组灯，自然地从顶棚垂下，使得整个空间更加温馨舒适。

在展示厅的中央，颇具北欧风韵的彩色地板凸显视觉效果。在组灯下方放置了深色木质餐桌并搭配可移动的烹饪台，加之引人注目的手工绘画墙和镶嵌其中的厨电系列，无一不诠释着无可媲美的艺术气息和令人愉悦的烹饪体验。

Arda 安德上海旗舰店内的另一边空间被打造成 VIP 区域。设计师为这个半弧形的空间打造了一个巨大的半圆形白色展示架。展示架为镂空花式图案，上面陈列了各样色彩亮丽又艺术气息浓厚的装饰物，尽显精致典雅的风范。搭配上柔软的灰色圆形地毯、树枝形状的吊灯，和线条流畅简单的家具，此空间内充盈着浓郁的现代生活艺术气息。这些都为到店的客人留下了陶醉其中，流连忘返的深刻印象。

1.3.4 嵌有品牌电器的家居组合
2 Tom Raffield 设计的竹条组灯

实录

中山幼儿园
ZHONGSHAN KINDERGARDEN

摄　　影	姚力
资料提供	大都会（DDH）工作室

地　　点	上海桃江路42号
基地面积	1 001.2m²
建筑面积	866.5m²
设计公司	大都会（DDH）工作室
主持建筑师	元秀万
设计团队	宋冰清、何闻彬、王明充、陈柳均、智钰婷
结构形式	钢结构、钢筋混凝土、木结构
建筑层数	地上三层
主要用材	涂料、钢材、木材、平板玻璃、埃特板瓦、亚克力、铝块、混凝土、亚麻地板、面砖
设计时间	2014年9月~2015年8月
建造时间	2014年12月~2015年8月

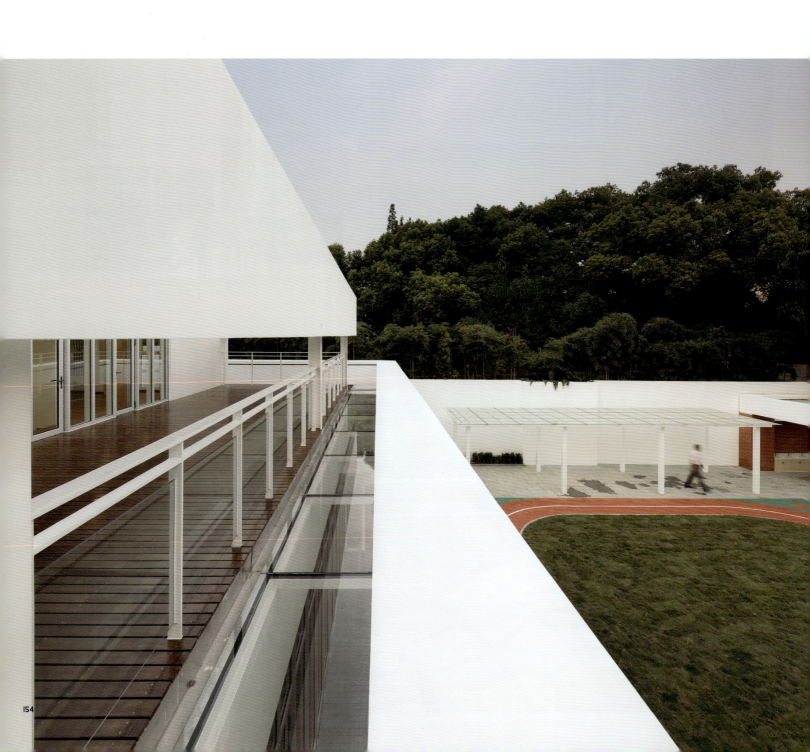

1.2 室外活动空间
3.4 场地新旧对比

中山幼儿园位于上海市桃江路42号，是个由废弃的酒吧改扩建而成的项目。

桃江路，原名恩利和路，1913年诞生于上海前法租界。解放前，这周边散落着许多巨商大贾、豪门政客的大宅。桃江路45号是宋庆龄故居，周边有法国、美国和德国领事馆。桃江路42号建于1800年底，曾是某个富有家族的大宅，解放后被中国人民解放军作为女子学院捐赠给政府。在接下来的40年中，房子和花园被用作初级寄宿学校，1990年代中期被废弃，直到2000年初以酒吧和餐厅的形式重新展现在公众的视野。

这个被历史及多元文化所包围的基地临街面短，进深很长，四周高墙耸立，院内有一棵近百年的广玉兰。项目在设计中的主要突破点在于使"外向"空间与"内向"空间产生对话。

建筑概念来源于院内的百年广玉兰，四周的高墙院落及场地外的丛丛绿意。建筑整体以合院布置，形成三个场：树、光和云。

树

用墙带把院内百年广玉兰围合起来，使得与城市隔绝的围墙界面与内院间产生层次，以广玉兰为中心形成若干个功能群，广玉兰成为这里的中心场。

一层和二层活动室墙带趋向中心活动场地，把室内空间向外延伸，错落延伸的白色墙带将内部空间外向化、外部空间内向化。层与层之间通过错位的二分之一墙带让垂直边界也趋于模糊，并向水平延伸。这种重复变化的墙带使得高高耸立的边界围墙也得以参与进来，临界的域外空间与域内空间的分隔不再分明。孩子们可以在内向与外向的张力场上自由活动并形成一个无界限的空间，白色墙带把城市划出一道风景线，即城市线、森林和天空。

西面墙外的园林通过二层顶棚色带变化形成一个风景通廊，东西两侧园林有了联系。

光

为了让孩子们能够在触摸到阳光的环境下成长，在交通转折点上都设计了天窗和窗洞，光线在指引孩子的方向。在各个适当区域及角落，光线通过木格栅及空间转折，像流水般洒落在小孩的活动区域。

云

在节点和空间转折处设计天井，孩子们透过光影变幻的玻璃天井踩着白云树影进入主体建筑，如果树是与城市的垂直质感，那云是水平的。

除了可以与桃江路对话的红色砖墙外，整体建筑运用了不停围合的白色墙带，这使得建筑完全从城市中消失。尽可能让孩子们在闹市里得到一片大自然的安静，与阳光、自然进行对话。

百年白玉兰在二层活动室上留下剪影，而雪白纯洁的玉兰花开在了东面的墙上迎着孩子们到来的方向。

实录

1	4
2	
3	

1 场地布置图
2 剖面图
3 轴测图
4 主体建筑南立面

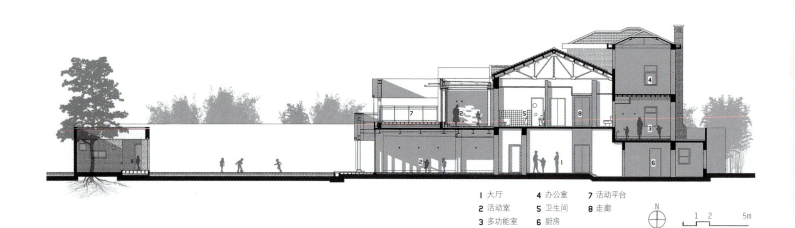

1 大厅　　4 办公室　　7 活动平台
2 活动室　5 卫生间　　8 走廊
3 多功能室 6 厨房

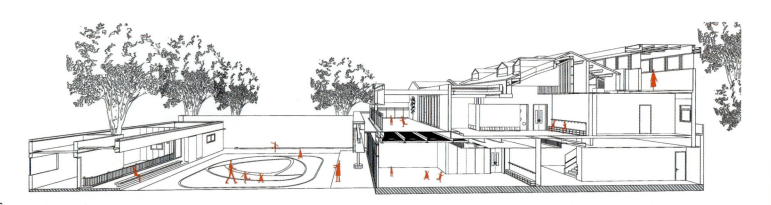

| 1 | 2 3 |
| | 4 |

1　天井
2.3　内部细节
4　顶层活动空间

实录

择胜居
ZESHENGJU

撰　文	俞挺、朱晨
摄　影	陈洁
地　点	浙江临安太阳公社
设　计	俞挺、朱晨
建　造	朱晨、太阳公社匠人
支　持	陈浩如、孙田
服　装	有章先生
软　饰	陈洁
竣工时间	2015年9月

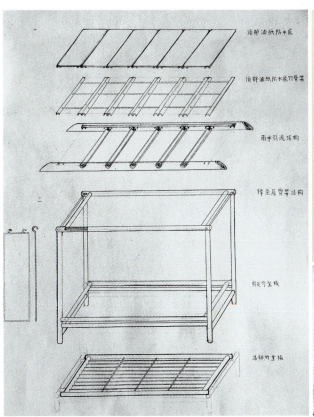
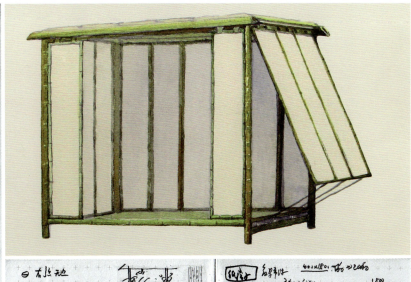
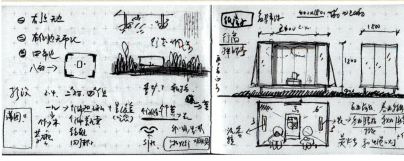

1　外观
2.3　结构图
4　手绘稿
5　建造过程

2015年9月9日，在临安太阳公社的山水之间，一座纸房子悄然落成。这个纸房子是山水之间的一个平行世界，你梦游在这个世界上，什么都清楚，就是在梦游。它是那么轻，在里面灵魂没有枷锁。

俞挺说，"有一天看到太阳公社的猪棚和风景心血来潮，给陈浩如打了个电话，想在太阳公社找个地方造个纸房子。然后出了一张草图，灵感来自于苏东坡的择胜亭（室外，布），王安石的暖阁（室内，纸），高濂的观雪庵（室外，纸），希望这是一个可以拆卸，又能在一定程度上可以遮蔽风雨的活动房子。看到大好河山，便可张开搭建，在自然和人之间麻利地创造一个平行的世界。三五好友，在其中饮茶品酒，轻声欢语，直可忘忧。"

他由于身体缘故，去不了临安，请好友孙田帮忙，找到了雕塑家朱晨来主持建造。那时，朱晨正在向风筝匠人请教传统风筝的工艺做法，所用材料也是纸和竹。他看了他的草图，便深化了施工简图。

朱晨数次下临安，和陈老师落实了建造场地，会见了师傅，探讨了竹子的使用、建造、排水、开启、拆卸等诸多工艺。准备于2015年8月31日开始建造。在为期7天的建造过程中，首先确定将择胜居的放置地点选在太阳公社的水库边，这里依山傍水，环境宜人，远离了都市的喧嚣。

择胜居的制作最重要的是四根粗壮的竹子做柱，这样的竹子直径需要20cm，生长周期5年，选择的标准是直、挺以及粗细均匀。其余的竹材选择也是遵循直而挺的原则，以四根柱的粗细为基础依次由粗到细选择竹子来完成其他的构件。

在引流槽骨架制作完毕后，制作六扇防雨层结构，若说用别的材料做出来会很工整很精致，竹材的倔强致使我们在制作上处处迁就，需要不断调试，但这种迁就没有贬义，这种不可逆的特性要求制作时需要很大智慧，而通过智慧搭建的建筑虽然不那么合乎规矩，但是特别的具有人味，平易近人。带有弧度的横档是现场对设计的修改，为的是更好地引流，以及避免可能的积水。由于对原先图纸有了一定的修改，因此最终择胜居的空间高度比原先多出了至少10cm。所以坐在里面的空间舒适度会比原先更为良好。整个建造过程中，周围的邻居经常跑过来看我们做的这个"新鲜玩意"，在他们看来这是一个新的景点。

遥控建造的建筑师俞挺认为这次建造是愉快的，也不紧张，亦是有节奏的劳作。此外，也对原先的图纸进行了适当的调整，诸如图纸上不适用的节点，把纸张从原来计划的高黎贡油纸，改成现在的油伞纸等。

"在最轻的房子里，看各地最美的风景——这个世界很大，我想带着这个房子去看看。" END

实录

1	5
2 3 4	6
	7

1　择胜居中举办的雅集
2　立柱与横档拼接局部
3　引水测试
4　顶部结构拼接局部
5-7　制作引流槽及过程

归了的归家了愿

撰文 | 刘匪思
图片提供 | 归了

劳拉是贵州黔西南地区的布依族姑娘。一路读书至大学毕业，英语专业的她顺顺当当地在上海找了份朝九晚五的白领工作，一直让远在老家的父母颇为放心与自豪。2013年的一次回乡，她从亲戚那里辗转得知，一个在北京打工的布依族嫂子因为孩子太小的缘故，想回老家生活，焦虑地到处托老乡回家找工作。不过即便降低收入要求，回老家却找不到什么能养活家里的活计。

困在格子间里上班的劳拉，十分理解嫂子的焦虑与困扰。那段时间，网络创业的兴起以及传统手工艺的复兴也令她萌生一个念头：自小看着妈妈给家人织布、染布做衣服，今天，这被叫做"植物染"的手工染布，反而成为城中年轻人追求返璞归真的事物。尤其是茶人好友办茶席，蓝染布必是摆在桌上的物件之一。村里的嫂子们从小都会做布，为什么不把这些人与事情串起来，让蓝染布走出贵州的大山。

"归了"，是劳拉给这个主打贵州手工蓝染布的设计品牌起的名字，寓意"归家了愿"。一是让远走他乡打工的手艺人能够回家谋生，重拾传统手艺染布；其二，让更多人可以通过体验传统手工，回归静心与初心。

蕴含着这份沉甸甸的用意，归了的蓝染布们也与同类布艺有着不一样的执念。

劳拉说，布依族最好的布都是拿来做女儿的嫁衣。奶奶那一辈用心种棉花，用它纺的线来织布，再花上几十天染布。染布需要反复地锤洗，一天最多也就下缸三遍，还要让布时不时地"睡"一晚，另外，更是要靠老天爷能够"放出"太阳来，才能让一匹布顺利诞生。染布的蓝靛取自板蓝根的叶子，可在贵州老家从事蓝靛制作的都是屈指可数的几位老人。劳拉说，"做这些事情像在赶时间，靛农爷爷年纪很大了，却没有传人，现在找了一些嫂子们在跟他学。染布也不那么简单，纯手工的工艺有着太多的不确定因素。很多过程看起来简单，实际工艺却很复杂。只有让妈妈去问其他有经验的老人，找出解决办法。"

恢复传统工艺的过程费力、费时，不过随着越来越多的嫂子们归家做布，劳拉开始费心的是让人们能够接受这些传统手工做出来的布。"织布机做的布，因为要让纺线多次上浆，布料做出来会很硬，以前是为了让布用得时间久、耐磨，现在这种硬度会让人感觉不舒服"。劳拉咨询了好几位设计师朋友，反复地琢磨怎么把蓝染布做得能让都市年轻人接受，保持手工艺的纯粹，又不过于强调少数民族的特色。经历了两年多的反复试验和探索，现在的归了包括女装、配饰与家居三个主要系列。除了极具质感的手织布面料，也会找一些有纹样的普通布料来做植物蓝染。但一律以天然棉麻材质为根本，有时也会将少数民族的元素提取出来，成为布料设计的一个部分。比如用布依族喜欢在重要典礼上穿着的胡椒纹布，改良设计成衣服的配饰，或者茶具里的包袱皮，将传统纹路与现代的功能结合起来。"外观上的现代，细看又有民族的基因。我想让传统工艺做出来的布料，不管是手织布还是植物染布，都能在人们日常的生活中实用起来，让越来越多年轻人能够接受"，劳拉的归了之路还有很长一段路要走。

1	3	4
2	5	

1　吊染而成的蓝染布，尝试了三幅布，再截取其中一小段才成功
2　不同染布工艺制成的布
3　胡淑纹布制成的功能包
4.5　归了在上海汇智国际商业中心的体验店

谈艺

1	2		6	
4	3		7	8	9
	5				

1　织布的奶奶
2.3　画蜡的工具
4.5　蜡染图
6　手工布
7-9　用蓝靛熬出的蓝染缸

闵向

建筑师,建筑评论者。

说说我们建筑界的那些奖(一)
普利茨克奖之日本建筑师

撰文 | 闵向

  L老师曾预言,中国如果要拿普利茨克奖的话,中国只有一个人是王澍。普利茨克奖被称为建筑界的诺贝尔奖。它的要求是每年授予一位在世的建筑师,表彰其在建筑设计中的设计、材质和优秀品质。俞挺老师觉得材质和想象力毋庸置疑。责任感这个事,大家的定义差别比较大。

  L老师认为学界把获得普利茨克建筑奖得主大致分为三类,一类是真的好,第二类是平平,第三类是错误,差不多各占1/3。他认为日本人一直从西方建筑师的角度在反复揣摩,但是他们对建筑的品质是很少有特殊的贡献,比如妹岛的作品就特别的苍白,尽管概念是很好的,但从建造上来说,和模型基本上没有什么区别。但伊东就不一样,他以前作为建筑师或多或少地都要受到业主和各方面的压力,一定要把房子做得好看,事实上他一直想做一件事,就是怎么样无所顾忌地做他自己想做的事,不需要顾忌它是不是好看。所以为什么伊东会把台中大剧院做成那个样子,他拒绝修饰一下所谓不协调的地方,就是要挑战自己,就他对建筑学的理解,比妹岛得普利茨克奖会更有说服力。L老师认为建筑师如果把某一个和你同时代的人作为自己的偶像,这个是挺危险的一件事。

  Z老师认为其实伊东和妹岛有相同的地方,妹岛是从伊东那里出去的,不过妹岛这条路是走到了极致,伊东却一直在变化。从最开始的银色派,到现在的台中大剧院,他其实是不在乎好看难看这个东西的,他会认为有些东西在那里难看,但是他觉得无所谓,他的心态已经能够忍受这些东西了,这个Z老师觉得是他和妹岛的一个非常大的区别。他对于这种所谓的、破坏建筑美的、人的感受的东西已经不放在心上了。他不需要别人对这个建筑的认可,甚至把建筑所谓的美的东西放在了第二位。

  2011年的普利茨克奖颁发给了德·莫拉让大家觉得是冷门,但据转述张永和老师的话,评委有的时候不会坚持一定要十全十美,或者像是无法平衡好各个方面的情况,有的时候也是存在的。比如我吃了几天大肉以后,过两天换一个蔬菜,这种情况也有可能。有时评委也有一种心态,就是你们大众都在猜测他们会选谁,他就不让你们猜到他会选谁,这种大众的预期就会对评选结果造成一种影响。俞挺老师就此认为普利茨克奖的随意性还是有一些的。而L老师直言任何一些奖都是有随意性的。

俞挺老师更看重建筑师的个人特殊知识是否能普遍转为社会普遍的有效知识。因为他看到评奖有三个关键词：好建筑、责任感、知识。他认为一个人的美梦不能成为其他人的恶梦。那些建筑师如果成功地使其他人都成为自己的恶梦，这是他们的本事，但是不值得拿在公开场合说。他对伊东不满意的地方在于，伊东的灾后计划据说是他拿普利茨克奖的一个重要原因，但是那个灾后计划完全是中产阶级自娱自乐的计划，事实上解决不了受灾群众的困境，但因为进行了巡回展出，获得了其他世界的一致赞扬，似乎他们真的帮受灾群众解决了问题。俞挺老师觉得现在许多的建筑师正在做这样的事，似乎来到了农村建了房子，但是这些个房子都是危房，当地人都不用，建筑师好像解决了什么问题，实际没有。所以伊东如果拿奖是因为那个救灾计划拿奖的话，俞挺觉得这是伪善。

L老师认为需要做出价值判断时，第一个是有善意，西方没有把这个奖作为一个标榜社会的责任感。这里指的责任感有两种，第一种是针对普罗大众的责任，第二种是苏格拉底说的知识分子责任，如果这个社会是一个群氓社会，那么知识分子就需要把他们摇醒。比如西方对中国的建设是一种批判，觉得中国建得那么快，没有造出什么好房子，那么王澍所承担的责任要拯救中国的传统建筑文化，那么这个其实也是一种责任。俞挺老师不觉得王澍的这个建筑是拯救中国文化。他觉得苏格拉底定义的责任感在评委的脑海里并没有大家想象的那么重要。所以就会在后面的得奖中里可以看出来投机主义的范例。

L和Z老师都认为坂茂得奖是一个错误，L老师觉得坂茂的房子是最差的。Z老师认为对坂茂是了解一点的，坂茂是做了一些关于可持续的事情。但对建筑的贡献还是非常小，可能评委觉得他对社会的贡献多一些。他认为普利茨克奖应该奖励对专业，以及对专业领域或者是学术领域有贡献的人，而不是说拿一个对社会有贡献的人来做一个奖项。所以他觉得如果从社会贡献角度评的话，那么有很多人都可以得这个奖了。

俞挺老师也不喜欢坂茂和他的建筑，甚至觉得他的建筑是差的。但他认为坂茂构建了不一样的类型——纸建筑，这个类型虽然小，但是牢牢地构建了一种建筑学特殊知识。坂茂，所谓的纸建筑其实对社会贡献并不大，甚至有些哗众取宠。但他所构建的纸建筑，属于一种创新，尽管这种创新很小众，但占据了一个类型，就这点而言，获奖并无不可。

（未完待续）

专栏

陈卫新

设计师，诗人。现居南京。地域文化关注者。长期从事历史建筑的修缮与设计，主张以低成本的自然更新方式活化城市历史街区。

城南民居琐记

撰　文 | 陈卫新

　　李泽厚先生有一个判断，我是赞成的。他说，古希腊追求智慧的那种思辨的、理性的形而上学，是狭义的形而上学，中国有广义的形而上学，这就是对人的生命价值、意义的追求。古希腊柏拉图学园高挂"不懂几何学者不得入内"，而中国没有这种传统。他提及"审美形而上学"，"中国的'情本体'，可归结为'珍惜'，当然也有感伤，是对历史的回顾、怀念，感伤并不是使人颓废，事实上恰恰相反。"以情生道，以情生礼。人生易老，岁月不居。这些终究是生活细节本身赋予人的。

　　因为工作室在南京的城南，所以我几乎每天早上都会去老街巷里走一走。关于城南，我最早的记忆是部叫《城南旧事》的电影。由林海音的原作改编，拍得好，至今难忘。那个时代的电影没什么特技合成，却能弄得合情、合理、合乎时代背景，主要还是吴贻弓导演懂得讲述的方法与节奏。灰暗的大片大片的民居，长长的胡同，老人暗淡的目光，围墙上方的天空，以及忽远忽近的鸽哨。有回，在台北一家二手书店恰好看到一本林海音编的书，是她翻译的中日文译本。文字功夫的确好极，自然、贴切、朴素。她所写的北京城南，好似隔了一个长夜，早上起身，拉开窗帘，鸽群乍起，天空一如往夕。

　　中国的古城，特别是帝都，大抵是有相似之处的。城北多拱卫之军，东西多权贵居所或行政官署，城南多市井百姓。城南在某种意义上来说，成了最向阳，最世俗，也最接地气的地方。南京过去的城南，商贾聚集，南门外有城里人需要的饮用水，外秦淮上的水码头，水车，有新鲜的刚摘下的菜蔬瓜果。即使送别，也要在南门内的某个秦淮馆子订上一席，叫挑夫担了，送雨花台亭子里小坐。每个人关于城南的记忆也许各有特别，这恐怕也是城南的魅力之一吧。在城南，也只有真切地听到市民的俚语，才算得上知道了这座城市的真味。

　　关注城南的民居，也正是起源于这些原因。有朋友赠送了我一本朱偰先生的《金陵古迹图考》首版，我自然很高兴，高兴之余又有不安，生怕坏了朋友之好意。黄裳的《金陵五记》中所记，抗战胜利返回之时，城南已皆陋巷恶水，古迹难寻。事实上，早在太平天国时期，城南就开始被毁坏了。好在街巷肌理尚存，民俗民风还在，地道的老城南

秦仓巷34号

评事街

走马巷4号

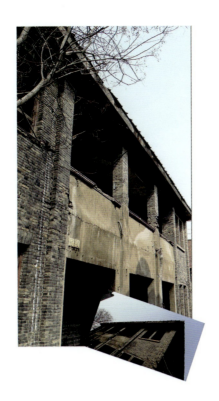
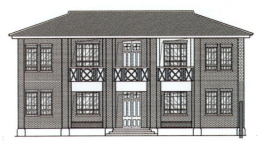

大阪巷73号南立面

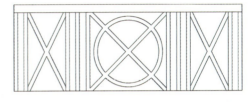

栏杆

绫庄巷42号

评事街94号

走马巷

话还在，这也许是最该庆幸的事。某日从饮马巷走过，竟然看到老字号"三星池"的招牌，浴室生意之好如同从前。我掀帘入内，一屋子赤条条的汉子，看报，喝茶，小食者皆有，无不自如。

对待旧，我们总是觉得很困难，不好用。那么这些民居的价值如何体现，会不会存在"另一种可能"呢。我曾经尝试设计过这样的空间，用老街巷淘来的旧家具，用拆下来的旧木料、旧砖头。室内设计的思路来自秦淮河畔的小街巷，在一些细节的后面，不期然，可以隐隐想起的，一些小小的秘密。触手可及，又恍然若失。时间就是这样，因为它从不停止，作为一种共识，建筑及其内部空间表达的，或许只是一个有关于时代的集体记忆。

那个项目只是一个身处城南的小客栈。看地方的时候还带着一些不能肯定的疑惑。当我看到那棵绿荫如盖的大树，我知道这个地方一定是可以做成的。一棵普通的泡桐树，也许是一只飞鸟带来的种子，偶然落在了墙头。为了支撑它的成长以及养分的获得，它的根系延长至地面，并牢牢地抓住。这是一种伟大的平民精神。在南京的老城南，围绕一棵有"平民精神"的树，设计一个客栈，是恰如其分的。我舍弃了在室内做楼梯的想法，把大堂与客房的联系置于室外。由外楼梯去客房，走过大树之下，也许同时能听到隔壁邻居南京土语的对话。那种身临其境，应该就是空间设计的核心所在吧。我希望通过这个在城南的客栈能够实现一次老建筑的"活化"，一个历史街区自发复兴的可能。

因为走得多，也就似乎"近"了许多，愿意为城南做些事情。曾经组织了一些学生对城南民居的建筑装饰元素做过测量图绘，整理成册。一则加深了自己对于城南民居的记忆。二则也为了许多人对于城南的误解。除了现场的测绘与记录，我们也收集一些晚清至民国的摄影图片。那些"鲜活的"拍摄的场景、内容皆为南京城南建筑风景，贩夫走卒、市井万象，在生活中，又在生活之上。站在历史角度来说，与许多"白驹过隙"的事物一样，我们能缅怀的不仅仅是凤凰台、胡家花园一类风雅之事，还应该看到世俗生活传递到今天的每时每刻。

"病树前头万木春"，对于城南的未来，除了遗憾，当然还是觉得是有些希望的。

建筑学教师，建筑师，城市设计师

我对专业思考秉持如下观点：我自己在（专业）世界中感受到的"真实问题"，比（专业）学理潮流中的"新潮问题"更重要。也就是说，学理层面的自圆其说，假如在现实中无法触碰某个"真实问题"的话，那个潮流，在我的评价系统中就不太重要。当然，我可能会拿它做纯粹的智力体操，但的确很难有内在冲动去思考它。所以，专业思考和我的人生是密不可分的，专业存在的目的，是帮助我的人生体验到更多，思考专业，常常就是在思考人生。

台湾纪行 II
将文艺进行到底

撰　文 | 范文兵

　　这是我第二次来台湾地区。

　　准备过程中，旅行前常出现的激动，几乎完全不见，更多地，反倒有一种回家般的放松感。因为心里知道，马上就可以体会到当下大陆"你追我赶"气氛中，非常稀缺的"日常味道"——不紧不慢，按时回家；一家店铺一开就是十几年，街坊邻居都是熟面孔；一幢楼任其慢慢旧下来，只要干净就好，而不是急慌慌隔三差五就要粉饰一新……还有，就是从青少年时期开始深刻影响我的，一批台湾读书人、艺术人、音乐人造就的延绵不绝的文艺气。

　　最早接触这股文艺气，是通过台湾流行乐。

　　高中时听大陆歌手张行翻唱刘文正，感觉流里流气，有些油滑，不喜欢。而邓丽君，又被老师、领导们指称为黄色歌曲，自觉或不自觉地，就把她给遮蔽掉了。于是，总觉得台湾地区流行乐就是革命电影里"美女特务敌台"播放的靡靡之音。

　　直到进入大学，接触到一些阳光明朗的校园歌曲，以及由此发展出的流行乐，才开始真正喜欢上台湾地区流行乐。

　　与当时大陆"通俗音乐"最大的区别是，台湾地区这批流行歌曲里，"你"字特别多，很亲切，像与听众进行一种平等的、个人化的窃窃私语。歌词里往往有种文人的书卷气、学生气，带着股"直白的诗意"，没有假大空，没有戾气，没有压迫感与强迫感。这与我们大学80年代中后期到90年代初期，对于"个人"、"历史、文化反思"、"哲学、美学热"等风潮，有一种默契的暗合。

　　当时，有一个来自福州的外班同学，每次放假回家，会收听"对岸敌台音乐调频"，然后录上一大堆磁带带回同济校园。周围一帮朋友，就常在晚自习后、睡觉前，聚到在他的寝室里，静静地聆听从砖头一般的三洋牌录音机里播放出的歌曲。我们应该是大陆最快跟上台湾地区流行乐的一批人。

　　大四秋季学期开学回校，一个同学一见面就兴奋地跟我说，"告诉你呀，上海也开始有流行音乐排行榜了，第一名居然是用民乐做流行乐伴奏，真是新奇呀。"那是童安格的《明天你是否依然爱我》。

　　听罗大佑，异常震撼与兴奋，由此知道，原来流行歌曲是可以跟社会批判、自我真实表达这么严密地联系在一起！

　　听苏芮的《跟着感觉走》时，迷惑了好几天，因为，还不习惯，没有中心思想，没有一个完整的故事，只靠表达一种个人感觉，就能成就一首好歌。

　　听李宗盛《和自己赛跑的人》《寂寞难耐》《给自己的歌》，看他以自己为靶子，像做手术一般，坦诚而精确地解剖着自己，同时也解剖着一种普遍人性，把一个男人，从男孩、男人、再到老男人的心绪，一一呈现。而他写的《聪明糊涂心》《领悟》……又把那一代台湾女性的七情六欲、为情所困，点穴到位。他对各种人物的观察，感性、同时又理性，他与歌曲中人物的关系，是你中有我、我中有你，是平等的，是感同身受的。

　　这样一批流行乐，对人的观察与体谅，对人性的感慨和无奈，对社会的关注与表达，在我眼里，其实是构成了一种与当时大陆完全不同的人文景象，一种迥异于大陆日常话语的"中文话语呈现"。

　　2013年，在我第二次来台湾地区之前，看了李宗盛的《既然青春留不住》上海演唱会。

　　成熟、温暖、亲切，有些许小幽默，有些许自我小调侃。放松地谈论性（吸引）话题，但有格调，控分寸，不粗俗，说到社会话题，有情怀，够敏锐，不愤青，这是一个成熟的文艺老男人的演唱会！那些陪伴了我从青春到中年的歌曲，几乎首首会唱，还时不时会有两、三首歌，带出某些场景、某些人物、某些情绪，湿润我的双眼。

　　禁不住想，这样一个有着文艺气质的说中文的人，可以凭借文艺吃饭，凭借文艺搅

位于台北宝藏岩邻里社区中的差事剧团,以及免费公开放映影片的场所。

动人心,凭借文艺一直活到老,不世俗,充满活力,这在大陆似乎还真不多见。

大陆一代代当然也会出现一批批有文艺气质的年轻人。比如当初校园歌曲一众人等,但稍微年长几岁后,演艺圈浸淫一久,一股子江湖流气就满脸满身藏不住,貌似潇洒人生、快意恩仇,其实,大多不过是走了传统"下九流"的路数。另一波年轻时有文艺气质的人,比如那些诗人、小说家们,年长之后,或是自恋膨胀到令人生厌,或是不食人间烟火,无法与世俗世界相处成为孤家寡人,或是酸腐气、小家子气十足,文人相轻、一碰就跳,或是总以悲壮面孔示人(比如《中国好歌曲》里那么多做音乐的"同学",总是在拿家人不理解自己因而很艰苦来讲煽情故事)。当然,更大部分的文艺青年,会迅速变成普通世俗青年,更会用幼稚、不成熟等话语,来调侃自己年少时的白衣飘飘,并警告自己的后代,切不可踏入文艺误区,否则,会浪费很多可以正经"活着"的时间。

对比之下,越发觉得台湾地区一批文艺气质人士的健康、自然、有活力。

年轻时天生兴趣偏文艺,到年老还能依然保持文艺气质,并不因为自己喜欢文艺、搞文艺而把自己弄得生活艰难、情绪悲壮,还能超越个体的狭小格局,将文艺影响到更广泛的领域和受众,随便想一想,台湾地区有太多这样的例子,林怀民的云门舞集,赖声川的话剧工作坊,侯孝贤的电影博物馆……他们都经历过艰难时光,撑到现在肯定不会发财成为大富翁,但是,他们影响了这个世界,为这个世界扎扎实实贡献出了有价值的精神财富。还记得多年前看到《汉声》杂志时的惊喜,在传统被打碎、被干瘪的背景下,这些来自海峡对岸,封面精美、内容下足田野调查功夫的杂志告诉年轻时的我,我们的乡土是那么迷人、美、活生生,而不是龟缩在国内统编课本里的考古图像,或者封建糟粕。

对台湾地区产生好感的一个重要原因,不是什么虚妄的民国范儿、误读的民粹民主,而是那里始终都有一批文艺人,不矫饰、不酸腐、不自恋,肯低头踏实流汗,如农夫耕种一般,把文艺精神进行到底,把文化之雅事变成生活的常态,生活于是有了真正的品质,而非附庸风雅或虚荣炫耀的所谓品位。

再往深里想,为什么大陆文艺青年长大后基本都会转向,这应该和大环境有关。在这个环境中,知识分子阶层始终无法成为一个独立阶层(从思想到生活模式),生成独特风尚(从思想到生活模式),因而始终发育不健全,更谈不上引导潮流,同时,知识分子们的前辈们又在各种运动中消失殆尽,很多经验传承无从谈起,于是,大陆文艺青年只有几条出路——或流气,或酸气,或小气,或俗气。健康、阳光、有能力自主生活、超越自我小格局的文艺气,在我们这里,早早就夭折了。

一天与本科毕业班学生晚餐,学生问我,有什么人生计划,宏伟愿望。我说,我从来就没计划过人生,但是,仅仅按照某种世俗标准"活着",对我来说,太低级了。

位于台北县(今新北市)云门剧场咖啡厅里,龙应台签售的书。

纪行

葡萄牙：西扎之旅

撰文、摄影 | 梁志平（深圳水木空间建筑设计有限公司）

1　Boa Nova 茶室（摄影：Joao Morgado- Architecture Photography）
2．3　塞图巴尔教师学校

边界

登上飞机，便越过一道边界。

机舱里坐满了不同肤色的乘客，去巴黎，或者和我们一样途经巴黎去里斯本。充斥的音频依然是中文，可能是临近十一黄金周，大家提前出行，压抑不住内心的兴奋，提高了声线。不讨厌坐飞机，其中一个原因是必须关掉手机，享受一段不被手机绑架的时间。离开熟悉又有些麻木的城市，居然有一种白老鼠离开铁笼的感觉。

对于葡萄牙的认识，仅仅停留在地理方位的层面，还有C·罗纳尔多和西扎。因为喜欢足球，当今足坛巨星C·罗纳尔多（葡萄牙人）常到海边阳光浴等花边新闻，多少从另一个侧面反映了葡萄牙是一个阳光普照，拥有美丽海岸线的国家。

西扎在1992年获得普利茨克建筑奖，被认为是当代最重要的建筑师之一。

年轻的西扎受到路斯（Adolf Loos）等世纪初现代主义建筑大师们的影响，建筑表现出摒弃装饰的倾向。他曾说："最使不安的是建筑中的浪费现象，无论是用材还是用光。"所以，他力图用简洁的形式表现建筑内在的丰富性，这实质上是基于重视细部、重视建筑与人的亲和性基础之上的对建筑"简约"的追求。这种"简约"的手法，对目前国内习以为常追求奢华的建造方式，有一定的借鉴作用。

十天行程，主要目的是考察葡萄牙的现代主义建筑设计。24 个项目，涵盖阿尔瓦罗·西扎整个职业生涯的重要作品，还有部分是德莫拉、JLCG 等建筑师的项目。黄居正老师作为学术领队，在行程中将针对所见所闻举行两场专题讲座。有方专门为"葡萄牙——西扎之旅"制作的行程介绍册子，竟然是厚厚一本书！

这些论据，足以表明在边界的另一端，等待我们的不只是阳光与海滩、美酒与佳肴，而是繁重的学习任务。

需要一双翅膀

学校类的建筑几乎不受到商业的约束，可以给建筑师更自由、纯粹的发挥空间，因此，不少建筑师都将自己建筑理想的实践，放在学校建筑。像密斯、路易斯·康、柯布西耶、汤姆·梅恩、王澍等建筑大师，都有不少学校类的建筑作品。

行程安排考察四所学校，其中西扎有两所，塞图巴尔教师学校和波尔图建筑学院。

西扎的建筑作品有着独特的空间技巧和建筑语言，如偏好 U 形的建筑布局；"破碎平面"；延伸的体验路径；"场所精神"；还有光的巧妙运用等，他的作品注重在现代设计与历史环境之间建立深刻的联系。要了解西扎的建筑，除了走进去，还需要一双翅膀，在空中理清建筑与场地的关系。

从半空中鸟瞰塞图巴尔教师学校，可以看到建筑体是由两个相反方向的 U 交叠组成。

再往高处，看到塞图巴尔市位于里斯本东南部，这是一个并没有很多古建筑和特色建筑的小城市，其古老建筑在 18 世纪中叶，几乎全部毁于一场灾难性的地震。

教师学校坐落在城市的东郊，是一所综合性学校的一部分，位于这个校区的南端，靠近城郊铁路车站——车站是到达这里的主要交通方式，西扎为接纳这些进入校区的学生和教师设计了一种体验——介于环境与建筑之间的体验路径。这种建筑语言，出现在他多个项目里，如海滨浴场、海边茶室、马尔克教堂、加利西亚当代艺术中心、波尔图建筑学院等等，是建筑与环境有机结合的一

种表达形式；也是建筑场所精神构建的组成部分。西扎对建筑所处环境的本身特性，即所谓"场所精神"，尤为重视。他认为，新的建筑应该归属或融入该地区的传统。他曾写道："新因素的加入通常会与现有状况产生尖锐对立和剧烈碰撞……我们努力使'新'与'旧'发生千丝万缕的联系，使它们和谐地共处。"

试图让建筑与环境的地形、道路、建筑物、甚至植物和石头、历史文化等建立联系，"有机生成"形态和空间。就像植物为适应不同的纬度和地形，以不同的姿态呈现。不难理解为什么西扎的项目常有"破碎平面"的出现。

教师学院基地上有许多大树，算是一个小规模的树林，这些树的存在成为西扎考虑设计的重要因素。出于保护树林，建筑做出退让，平面布局与树林边界的凹凸相吻合。基地在较缓的山坡（由东北向西南降低）上，东南入口（主入口）通过一条廊道进入，廊道斜放在两颗老树之间，与老树形成互让关系，估计西扎设置廊道入口，是希望学生进入校区之前，先平静心情，这样的体验设置，继承了古代宗教建筑的手法。廊道之后是一个趣味的空间，独立的斜屋顶呼应地面的坡度，倾斜的柱子区分主体建筑垂直柱子的序列，空间是主体建筑的一个延续，但与主体留出缝隙，暗示作为进入和过渡的双重特性。

这是西扎场地精神的一种体现。

建筑主体由东、西向，大、小两个相反方向的U交叠组成。

大U以古典柱廊形式围合，中间是带有古典氛围的草地庭院，使得场地氛围相对比较内向，是课室、教师办公室，静谧得像以一种类似禁欲的方式呈现，理解为清心寡欲的治学态度。小U是餐厅、咖啡区、活动区，建筑外围柱子采用斜三角的现代手法，大落地玻璃，空间通透明亮、灵动，氛围区别于大U教学区的静谧严谨，这里显得更为开放和轻松。两个U重叠的地方，是西扎设计的过渡空间，通过压低高度进行空间转换……西扎通过建筑传递空间的氛围和情感。

到达塞图巴尔教师学校，已经是下午。在周围的小树林里，学生们穿着隆重的黑色

长袍（与"哈里波特"校服相似），围成圈，据说是举行新生入学礼。中间几位男生像橄榄球运动员相互角力，或在做俯卧撑，外围的男生们则声嘶力竭地咆哮，这是15世纪葡萄牙水手基因的遗传。给人的感觉是，这里的人与建筑都个性分明，只有"是"与"非"，没有模糊地带。

西扎的作品中，尤其注重的是建筑与场地环境的对话，只走进室内，是无法理解他"简单复杂性"的形成。需要一双翅膀，离开地面，从高处俯视建筑与环境的脉络关系。

本文开头提到的波尔图建筑学院，新建筑群沿着三角形基地的两侧配置，中央形成开放中庭与集会空间，在平面布局和沿河的立面景观上都融入了波尔图的城市肌理；马尔克教堂，教堂广场将步道、地势高差进行整合，形成进入的体验路径；海边茶馆，整个建筑的体量与屋顶形式，如同是从满布岩石的海岬地段中生长出来，进入路径与平面布局，反映了建筑与地形相适应的处理方法。当建筑建成后，建筑与周围的自然环境融合在一起。

菲利浦·约翰逊说过："建筑就是艺术"。用文字描述建筑，是件相当困难的事情，就像用文字描述雕塑和音乐一样，每个人对艺术的感受和理解都不一样，很难通过文字和语言完整传递。建筑是需要由远及近、进入、以至亲身使用的艺术。想要理解一个建筑，最好的方法，还是要去到那里，亲身体验它。

Henry 的警告

9月29日，结束白天的考察行程，黄昏入住有世界小型奢华酒店之称的里斯本酒店（Pousada de lisboa - Small Luxury Hotels Of The

1	4
2	
3	5

1.2 波尔图建筑学院
3 塞拉尔韦斯韦斯当代艺术博物馆
4 圣地亚哥 – 天主教皇旅馆
5 马尔克教堂

纪行

World)。

里斯本酒店位于里斯本市中心。室内设计延续了建筑的古典风格，奢华典雅。然而，这一切都无法阻止我们迅速回到 Terreiro de Paço Square 广场，欣赏大西洋黄昏醉人的日落。

巨大的 U 形广场朝南，张开两翼面向大西洋，像意大利男高音歌唱家伸开双手澎湃高歌。广场周围的中世纪宫廷建筑，序列拱门，精美的雕刻，在黄昏阳光的照耀下呈现金黄色，更显华贵瑰丽。大西洋微凉、湿润的海风，和煦的阳光轻抚每一位游人。人们休闲的在广场漫步；阳光暖和了还没坐满的路边咖啡座，时而传来人们欢声笑语的声音。

美好总是容易流逝，就像女人的容颜。举起相机抓紧记录这美丽的瞬间，不是记者，此刻，对美好的贪婪却超越记者。

海边观景平台是广场的高潮部分，是广场伸向大西洋的舌头。

一对情侣凭栏依偎着，在日落余晖下，形成一幅幅动人的场景；海边少女挽着鞋，轻踏着浪。这让人不禁想起"罗马假日"里的派克和赫本，举起相机再一次疯狂。

太阳慢慢消失在大西洋的海平面，天色渐渐暗了下来，我们离开了广场。

走出不远，在同伴的提醒下，发现背包拉链被打开。美好总是容易流逝，钱包被盗！丢失除了护照以外的所有证件和欧元。一番搜寻无果后，决定求助当地警局。

走出警局，突然想起好友 Henry 的来电警告，"葡萄牙经济不好……在里斯本某个地方某个广场，有国际盗窃团伙，专门向中国人下手……"当时自己只是象征性地道了谢。里斯本美丽的阴暗令人难忘。

葡萄牙目前经济在欧盟属于中下。14、15世纪大航海时代，是葡萄牙的辉煌年代，在美洲、非洲、亚洲都有殖民地。2008年以来，受国际金融经济危机影响，经济遭受重创，失业率走高，经济复苏势头明显回落。欧债危机爆发以来，葡萄牙陷入经济困难，政府财政曾濒临破产。

建筑行业受经济影响，状况与国内类似，同样存在不按图施工，施工质量不稳定，拖欠设计费等事情。西扎在这样的环境下，项目依然能达到如此高的完成度，管控能力实属难能可贵。

穿越

葡萄牙曾经有过辉煌的历史，与其他欧洲国家一样，保留了大量美轮美奂的古典建筑群、街道和广场。行程要考察的现代建筑，有不少是建造在这样的环境里，如何和谐共处、继承和发展，正是西扎"场地精神"所关注的。

如加利西亚当代艺术中心，外观是封闭的、简单朴素的方盒子，具有修长而平滑的表面；里面是复杂多变的几何体，透亮的空间。场地旁边，是建于17世纪中期的圣多明哥博纳瓦尔女修道院。与当地许多建筑一样，艺术中心的表面采用了花岗石，西扎试图探索一种用现代的，同时也是比较适宜的方法来取得与周围环境的协调。站在现代和古典的场地中间，你并不会感觉到突兀，仿佛看到一位老者与年轻人正在对话。

葡萄牙作为欧洲相对落后的国家，而且远离现代主义的发源地，却建造出如此精彩的现代建筑，这跟当地有浓厚的历史文化氛围是息息相关的。

行程安排入住的酒店，基本上都属于当地最有代表性的酒店。

往往这些酒店都是设在历史悠久的古典建筑里，除了里斯本酒店（Pousada de lisboa - Small Luxury Hotels Of The World），还有后面入住的洲际波尔图酒店（Inter Continental Porto），圣地亚哥－天主教皇旅馆（Parador de Santiago – Hostal Reis Catolicos），都是建在有着几百年历史的古典建筑里的经典酒店。

白天穿行在葡萄牙的现代主义建筑之间，晚上穿越住在中世纪的建筑里，就像弯曲了时间和空间，虫洞穿越。这样的场景转换，是有方特别的安排，让大家更好地体验和理解葡萄牙的现代建筑与古典建筑之间的历史脉络关系。

这几家酒店建筑，历史悠久，但是维护得很好。在原有结构的基础上，为了满足现代人的需求，增加了许多现代化的设施，如玻璃垂直电梯、现代卫浴设施、灯光、智能管理等方面。

里斯本酒店，被誉为世界小型奢华酒店。得益于对旧建筑的良好维护，使其不失过去贵族的奢华，同时，通过现代的美学设计，智能化管理，让酒店焕发出具有时代感的醉人魅力。

圣地亚哥－天主教皇旅馆，坐落于一幢美丽的15世纪建筑内，与圣地亚哥著名的大教堂为邻。旅馆的前身为朝圣者的住宿，保留了大部分建筑的原有特色，包括拱形天花板、石拱门和四个令人印象深刻的回廊。相对里斯本酒店，旅馆的更新就更为谨慎，包括艺术品和材料的选择，目的是尽可能保留原来的风貌。圣地亚哥－天主教皇旅馆相对门口就是著名的欧布多伊罗广场（Plaza de Obradoiro）。

成长在古典建筑语汇里的西扎，通过致力于用现代的手法演绎葡萄牙传统，发展了他独特的空间技巧和建筑语言。END

1	
2	
3.4	
5	

1　Terreiro de Paço Square 广场
2　里斯本酒店
3.4　加利西亚当代艺术中心
5　柏乌拉海古博物馆

反高潮的诗学：坂本一成个展
SAKAMOTO'S ARCHITECTURE: ANTICLIMAX POETRY

资料提供 | PSA

　　日本建筑师、建筑教育学家坂本一成的建筑个展于2015年11月10日在上海当代艺术博物馆拉开帷幕，展期时逾三个月，将于2016年2月21日落幕。开幕当日，坂本一成及妹岛和世亲临现场，并参与了由郭屹民及奥山信一共同主持的开幕研讨会——建筑诗学的内在尺度。会上，坂本一成和妹岛和世都以"尺度"为关键词，讲解了各自作品里对于尺度一词的认知与表现。首先，坂本一成循着时间顺序，梳理了自最初散田之家到近期东京工业大学TTF项目的种种作品，并将他对于这些作品里所含有的尺度问题做了简练但不乏深度的讲解。在他看来，尺度不单单是指建筑尺度，身体及社会的尺度也不可忽视，且三者无可避免地会发生联系。谈及这三者，他这么说道："对于建筑而言，存在着各种各样的尺度，一种尺度是建筑自身的，由功能等各方面所形成的建筑自身的尺度，同时它不仅仅是为功能存在的，它还与人和人的精神生活有各种各样的关系，在这个建筑当中存在着各种身体的尺度。除了人的身体尺度以外，建筑并不仅仅是存在于自身，还一定与社会的方方面面有关，因为和周边的环境和抽象的社会环境，还存在着一个和社会之间的尺度。建筑通过这种尺度产生了各种各样的意义，同时建筑还和社会的尺度，通过这种方式产生了各种各样社会的意义，在各种意义的混杂当中，社会和建筑之间存在于一起。"而后，在妹岛和世的讲话里，也能发现她关于"尺度"的细腻的思考，"尺度这个东西是一直存在的，尺度其实是非常抽象的概念，尽管它很抽象，但是在我这么多的设计中，慢慢通过尺度的东西会和各种各样的文化、环境发生更加直接的关系，通过尺度，建筑物能够和周边的环境与人通过不同的方式进行沟通。"在研讨会的最后一环节，坂本一成和妹岛和世、奥山信一及郭屹民围绕着"尺度"的话题，进行了一番更深入的对谈。对谈间，坂本一成对该次个展的主题——反高潮的诗学，如点题般作出了解释，"今天的主题是反高潮，并不是不具有高潮属性的东西，怎么样朝着这个方向去努力。如果是反高潮，可能会做出一些更有趣的东西。当然你作为高潮式的建筑设计，也可以做出很多很有趣的东西。还有一个，住宅是非常日常性的建筑，如果你做成高潮性的建筑，它肯定会跟你的日常生活的用途产生一些背离。高潮式的建筑是非常具有艺术性的建筑形态，这跟我们平时日常生活当中接触到的日常建筑，会产生一定的背离。"

　　坂本一成通过住宅设计来思考什么是建筑，什么是人与建筑的关系。从"箱体"、"家形（型）"、"架构与覆盖"到"小型集合

单元与岛状规划",在坂本的建筑中,能被清晰感知到的是结构中"形"正在褪去,更为抽象的"型"正释放出柔软而透明表情。他以缜密的个人思考与个人化的形式保持距离,将煞费苦心的推敲藏于宛若自然的形式之中,站在"刻意"的反面,让概念幸免于形式的俘获,让形式收获真正的自由。而那些具象的建筑"原型"——那些对于建筑来说不可或缺的尺度、场地、材质、结构、覆盖,则被视为"避免陷入另一种抽象极端的武器"。

于是,概念和现实之间随时可能崩离的紧张对峙,使坂本一成的建筑获得了抽象和具象相叠的两义性。在他看来,禁锢住高潮的手段犹如走钢丝般惊险、谨慎。积蓄着能量的高潮尽管令人向往,但在它迸发的同时也意味着结束、死亡、封闭,以及一切负能量的降临。如果把高潮视为完成时的话,那么,通往高潮的进行时恰是那置身愉悦的源泉。

此次在上海当代艺术博物馆展出的"反高潮的诗学——坂本一成的建筑"涵盖了坂本一成先生迄今为止全部的建筑作品,以及近期在中国进行中的项目。展品包括有项目照片、模型以及成套图纸。更值一提的,还有展馆内搭出的代田的町家1:1内景还原模型,可供观展者步入其内,亲自以身体的尺度来感受、体悟坂本所提出的"家形(型)"这一系作品的建筑尺度。

坂本一成的"反高潮"或许就是这样一幅风景:在紧张关系的空间之中俘获身体的感知,在持续思考的反复之中捕捉建筑的进行时。

1	3
	4
2	5

1 个展现场
2 电铺
3 Hut AO 模型
4 1:1 代田的町家内景还原
5 PSA 文献库模型

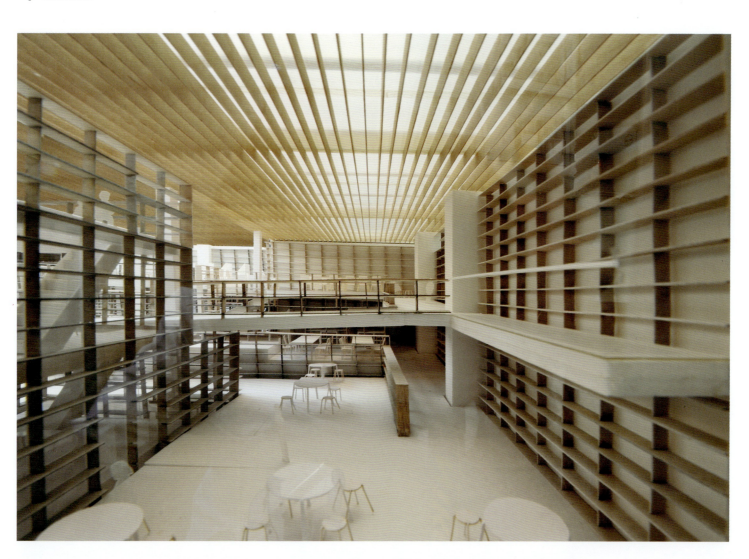

事件

1	
2	3

1　个展现场
2　坂本一成作品：House SA
3　代田的町家

CIID2015 第二十五届（甘青）年会圆满召开

第二届中国室内设计艺术周暨CIID2015第二十五届（甘青）年会于2015年10月17-20日在甘肃、青海两地举行。此次年会横跨甘肃、青海两省，分敦煌、西宁、兰州三条线路进行，借丝绸之路"西遇"，思考讨论"回归真实设计"。年会期间开展了中国室内设计论坛、主题论坛、CIID公开课、文化雅集、场内场外展等一系列活动。来自全国各地的1000多名室内设计师前来参加会议，在丰富多彩的活动中进行学术交流与探讨。

原建设部副部长宋春华先生、兰州大学副校长安黎哲先生、中国建筑学会室内设计分会理事长邹瑚莹女士、广东嘉俊陶瓷有限公司董事长助理王常德先生分别在开幕式上致辞。

中国工程院院士崔愷先生、台湾著名空间美学大师林宪能先生、陕西师范大学教授沙武田先生、清华大学美术学院副院长苏丹先生、清华大学建筑学院建筑系主任徐卫国先生发表主题演讲。这五位嘉宾分别从各自的专业，提出了深刻的观点，引导设计师对"回归真实设计"的深入思考。

CIID展览包括场外展和场内展。CIID2015场外展以"场·外·遇"为主题，分为"外·遇"、"驿·构"、"坐·计划"、"大学生原创设计开放周——青春汇"四个部分展览，到场的设计师不但可以看到风格不同的艺术作品，还有机会与一线设计师进行"面对面"的深入交流。场内展则由2015第十八届中国室内设计大奖赛优秀作品展、2015第五届中国"设计再造"创意展、CIID"八零设计展"优秀作品展、CIID2015第二十六届（杭州）年会预展、2015CIID年度活动回顾展和CIID"室内设计6+1"（第三届）校企联合毕业设计展、"旅图"邹瑚莹旅行摄影展、设·绘CIID设计师艺术作品展等组成。

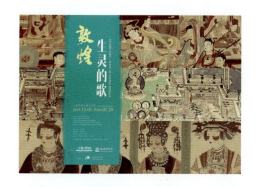

敦煌：生灵的歌

2015年11月29日，"敦煌：生灵的歌"大型展览于上海喜玛拉雅美术馆开幕。展览由敦煌研究院院长王旭东、上海喜玛拉雅美术馆顾问王纯杰联合策展；上海喜玛拉雅美术馆馆长李龙雨为艺术总监，有"敦煌的女儿"之誉的敦煌研究院名誉院长樊锦诗担任学术顾问，并由证大集团大力支持。"敦煌：生灵的歌"还原8个最具艺术价值敦煌石窟，并将展出经典的彩塑临摹11件、壁画临摹品（常书鸿、段文杰、常沙娜等敦煌艺术顶级大师作品）60件、藏经洞绢纸画复制品25组件、藏经洞文物五十余件等共计165组件源自敦煌的艺术沉淀。在8个石窟中，除莫高窟晚唐第17窟（藏经洞）之外其他洞窟因保护的原因不对外开放，而在本次上海展中，公众将有机会一睹其容颜。在带来大型敦煌臻品艺术的同时，首次，丝路上的艺术瑰宝将与当代艺术亲密接触。展览时间即日起至2016年3月20日（周一闭馆）。

首届"Loro Piana诺悠翩雅年度最佳羊绒大奖"

近日，首届"Loro Piana诺悠翩雅年度最佳羊绒大奖"在沪发布。自1960年以来，作为羊绒行业生产领域的主要推动者，Loro Piana坚持秉承将质量放于首位的品牌初衷。过去十年中随着消费者需求以及羊绒产量的上升，Loro Piana迫切希望能先市场一步购入日渐稀少的高品质原材料。为了应对这种趋势，并保证最优质原材料的供应，企业在2009年首发畜牧业试点项目，应用最现代化的选配育种系统，进一步优化羊绒原料质量。

伴随着研究的成功，Loro Piana决定每年向产出最优质羊绒的牧民颁发"诺悠翩雅年度最佳羊绒大奖"。奖项的角逐将在阿拉善及中国其他地区的大量牧民和品牌供应商中展开。以纤细度、长度和羊绒性能作为主要考量标准参与竞争筛选。日前，两对牧民夫妇——张明柱和其妻子李玉梅、张克仁和其妻子宝花，他们凭借净重200kg、细度为13.9um的羊毛捆获得了2014年的大奖。

意大利创新家具品牌RIMADESIO登陆上海

屡获殊荣的意大利室内家具品牌Rimadesio于2015年10月29日在上海举行独家发布活动，宣布正式加入奢华生活方式品牌代理商麦迪森集团The Madison Group。Rimadesio的展示厅位于上海南京西路288号创兴金融中心2楼。总部位于意大利米兰，是一家采用家庭经营模式的公司，品牌始终致力于将最先进的创新理念运用于产品设计与制作工艺上，并在生产与经营过程中始终坚守公司对环保事业的承诺。品牌的家具以玻璃和铝材为主要制作材料，囊括门户、房间隔断系统、橱柜及衣帽间等产品，优雅流畅的线条、时尚大方的外观无不展现出品牌在空间规划及家居自由组合方面非同一般的可塑性，为家居空间设计描绘出新篇章。